アイヌ犬《けん》コロとクロ

今泉《いまいずみ》 耕介《こうすけ》

もくじ

敏《びん》 く ん の ギ ャ ラ リ ー

熊《くま》と犬《いぬ》

12歳《さい》

第《だい》16回《かい》 ユネスコ世界児童画展《せかいじどうがてん》・個人最優秀賞《こじんさいゆうしゅうしょう》

キツネを追《お》う犬　12歳
第16回 ユネスコ世界児童画展・入選《にゅうせん》

はくせいの熊　10歳

ジャンプ　10歳

鮭《さけ》たち　11歳

ひまわりと虫《むし》　9歳

こいのぼり　10歳

夢《ゆめ》を追《お》いかけた少年《しょうねん》、敏《びん》くんと三匹《びき》の犬《いぬ》の物語《ものがたり》

プロローグ――敏《びん》くんの見《み》た山《やま》

ぼくは黒《くろ》いアイヌ犬《けん》です。名前《なまえ》はクロといいます。そのまんまの名前《なまえ》だね。

ぼくは、いま犬《いぬ》小屋《ごや》の前《まえ》で、草《くさ》の上《うえ》に腹《はら》ばいになって、のんびりと有珠山《うすざん》のほうを見《み》あげています。でも、山《やま》の姿《すがた》ははっきりとは見《み》えません。

なぜかといえば、犬《いぬ》はもともと、あまり目《め》が良《よ》くないうえに、ぼくは、すっかり歳《とし》をとって、目《め》が見《み》えにくくなっているからです。あごにも白《しろ》い毛《け》が多《おお》くなっています。

見《み》えないのに、どうして、毎日《まいにち》、山《やま》をながめているの？　そう、ふしぎかもしれないね。それは、敏《びん》くんとの、なつかしい日々《ひび》を思《おも》い出《だ》しているからです。

敏《びん》くん……

もう敏《びん》くんはいません。ずっと昔《むかし》に、交通事故《こうつうじこ》で亡《な》くなってしまったのです。

敏《びん》くんの小学校時代《しょうがっこうじだい》の同級生《どうきゅうせい》は、いまは立派《りっぱ》な大人《おとな》になって、その子《こ》どもたちが小学校《しょうがっこう》に通《かよ》うほど、長《なが》い年月《としつき》がたっています。

ぼくは子犬《こいぬ》のころから子《こ》どもが大好《だいす》きで、いまでも、小《ちい》さな子《こ》が家《いえ》の前《まえ》の道《みち》を通《とお》ると、耳《みみ》を立《た》て、鼻《はな》を高《たか》く上《あ》げて匂《にお》いをかぎます。

昔《むかし》、学校《がっこう》から帰《かえ》ってくる敏《びん》くんを待《ま》っていたときとおなじ仕種《しぐさ》で、おじいちゃんになったいまも、くせになっているのです。

天気《てんき》のいい、暖《あたた》かい日《ひ》には、きょうのように、小屋《こや》から外《そと》へ出《で》て、庭《にわ》の草《くさ》の上《うえ》で、じっとしてすごします。

風《かぜ》に混《ま》じって、有珠山《うすざん》のほうから、温泉《おんせん》の匂《にお》いがかすかに流《なが》れてきます。気《き》のせいか、ぼくは、少《すこ》し前《まえ》よりも、その匂《にお》いが強《つよ》くなったように感《かん》じていました。でも、北海道《ほっかいどう》の空《そら》は透明《とうめい》で、青《あお》く、どこまでも広《ひろ》がっています。とても気持《きも》ちのいい毎日《まいにち》です。


「クロ、散歩《さんぽ》に行《い》こう」

家《いえ》から出《で》てきたお母《かあ》さんに声《こえ》をかけられ、ぼくは、ゆっくりと立《た》ち上《あ》がりました。いつもとおなじく、尻尾《しっぽ》を三回《かい》ふってあいさつをします。

すぐそばを、ちょうど、学校帰《がっこうがえ》りの子《こ》どもたちが通《とお》ります。その道《みち》は、ぼくが子犬《こいぬ》のころから、よく知《し》っている道《みち》です。

「クロ、散歩《さんぽ》に行《い》くの？」

赤《あか》いランドセルを背負《せお》った近所《きんじょ》の女《おんな》の子《こ》が、ニコニコしながら声《こえ》をかけてくれました。

すっかり歩《ある》くのが遅《おそ》くなったぼくに合《あ》わせて、お母《かあ》さんが、ゆっくり、ゆっくり歩《ある》いてくれます。まわりに気《き》を使《つか》う性格《せいかく》のぼくは、いつも、そんなお母《かあ》さんに、申《もう》しわけないと思《おも》いながら歩《ある》きます。

いまのぼくには、散歩《さんぽ》がいちばんの楽《たの》しみで、お母《かあ》さんと、心《こころ》のなかでいろんな話《はなし》をしながら歩《ある》きます。敏《びん》くんのときとおなじです。

散歩《さんぽ》の途中《とちゅう》で、いつもぼくが立《た》ちどまる場所《ばしょ》があります。そこは、ぼくが小《ちい》さいころ、敏《びん》くんに、有珠山《うすざん》の姿《すがた》がどんどん変《か》わることを教《おし》えてもらった場所《ばしょ》です。

お母《かあ》さんは、最初《さいしょ》のうち、どうしてぼくがそこでとまるのか、ふしぎに思《おも》っていました。でも、ある年《とし》の冬《ふゆ》に、敏《びん》くんがかいた絵《え》を整理《せいり》していて気《き》がついたのです。

その場所《ばしょ》から見《み》える有珠山《うすざん》は、敏《びん》くんが最後《さいご》に描《えが》いた絵《え》の有珠山《うすざん》とおなじ姿《すがた》だったからです。そのとき、お母《かあ》さんは、ぼくと敏《びん》くんが、いっしょに、その場所《ばしょ》から有珠山《うすざん》を見《み》たに違《ちが》いないと思《おも》いました。それは事実《じじつ》でした。

そのことがわかってから、お母《かあ》さんは、ぼくよりも先《さき》に、その場所《ばしょ》で足《あし》をとめ、有珠山《うすざん》をながめるようになりました。

やさしい顔《かお》で有珠山《うすざん》を見上《みあ》げるお母《かあ》さんのとなりで、ぼくも、いつも、おなじように山《やま》のほうを見《み》るのです。

「クロ、きょうの有珠山《うすざん》はどう見《み》える？　雲《くも》の形《かたち》がおもしろいよね」

お母《かあ》さんは、そんなことを言《い》いながら、にっこりと笑《わら》っています。ぼくは、そんなのんびりした時間《じかん》が好《す》きでした。

では、ぼくと敏《びん》くんの、お話《はなし》をはじめることにしましょう。

新《あたら》しいぼくの家族《かぞく》

ぼくの生《う》まれるまえ、ぼくのおかあさんのルナが、敏《びん》くんの家《いえ》にやってきたころのお話《はなし》です

家《いえ》の裏庭《うらにわ》から、こんもりと盛《も》り上《あ》がった、うす茶色《ちゃいろ》の山《やま》、有珠山《うすざん》がよく見《み》えます。頂上《ちょうじょう》からは、何本《なんぼん》かの細《ほそ》くて白《しろ》い煙《けむり》が、空《そら》にむかって、ゆっくりと上《のぼ》って、雲《くも》に吸《す》い込《こ》まれ、溶《と》けて消《き》えていきます。

一年前《ねんまえ》（昭和《しょうわ》五二年《ねん》）に、有珠山《うすざん》は大《おお》きな噴火《ふんか》を起《お》こしました。風《かぜ》のない日《ひ》には、煙《けむり》が遠《とお》くからでも、はっきり見《み》えます。

その家《いえ》は沢口《さわぐち》さんの家《いえ》で、植木《うえき》の仕事《しごと》をしているお父《とう》さんと、お母《かあ》さん、

そして、五歳《さい》になる、敏《びん》くんという名前《なまえ》の男《おとこ》の子《こ》が暮《く》らしていました。

敏《びん》くんは、桃太郎《ももたろう》の絵本《えほん》から、そのまま抜《ぬ》け出《で》てきたような、元気《げんき》な男《おとこ》の子《こ》です。おなじ五歳《さい》の子《こ》よりも体《からだ》が大《おお》きく、力《ちから》があって、やさしい男《おとこ》の子《こ》です。

三人《にん》は、有珠山《うすざん》の噴火《ふんか》がおさまったので、それまで住《す》んでいた洞爺湖温泉《とうやこおんせん》の街《まち》から、少《すこ》しまえに引《ひ》っ越《こ》してきたばかりでした。

新《あたら》しい家《いえ》は大《おお》きく、まわりは自然《しぜん》がいっぱいです。とくに敏《びん》くんが好《す》きなのは、自分《じぶん》の部屋《へや》から見《み》える有珠山《うすざん》と、家《いえ》のまえの広《ひろ》い庭《にわ》でした。

庭《にわ》には、大《おお》きな飾《かざ》りの石《いし》が、たくさん置《お》いてあります。石《いし》のまわりには、いろいろな高《たか》さの木《き》が、何本《なんぼん》も植《う》えてあります。どれも、お父《とう》さんに枝《えだ》をきれいに切《き》りそろえてもらって、とても気持《きも》ちよさそうに見《み》えます。

庭《にわ》のはしに、お母《かあ》さんがつくった花畑《はなばたけ》があります。赤《あか》やピンク、青《あお》、そして黄色《きいろ》のかわいい花《はな》が、数《かぞ》えきれないほど咲《さ》いています。大《おお》きくて目立《めだ》つのは、カサブランカという名前《なまえ》の白《しろ》いユリです。お母《かあ》さんが、球根《きゅうこん》から大切《たいせつ》に育《そだ》ててきた花《はな》です。いい香《かお》りが、まわりに漂《ただよ》っています。太陽《たいよう》をそのまま小《ちい》さくしたように見《み》えるヒマワリも、おなじ方向《ほうこう》を向《む》いて並《なら》んでいます。ヒマワリは敏《びん》くんの大好《だいす》きな花《はな》で、お母《かあ》さんがたくさん植《う》えてくれました。

花畑《はなばたけ》のとなりは野菜畑《やさいばたけ》で、ナスやキュウリがたくさんなっています。葉《け》っぱの間《あいだ》から、少《すこ》し恥《は》ずかしそうに顔《かお》を見《み》せています。

お父《とう》さんは、そのナスで、お母《かあ》さんがつくる漬《つ》け物《もの》が大好《だいす》きです。敏《びん》くんは、キュウリのサラダが好《す》きで、いつもマヨネーズをたくさんつけて食《た》べます。

ある日《ひ》のこと、お父《とう》さんが、玄関《げんかん》のすぐ横《よこ》で、トンテンカン、トンテンカンと、何《なに》かをつくりはじめました。

数日後《すうじつご》、網《あみ》を張《は》った犬小屋《いぬごや》ができあがりました。大《おお》きさは小学校《しょうがっこう》にある、ウサギやニワトリの飼育小屋《しいくごや》くらいです。

小屋《こや》のなかには、赤《あか》い三角屋根《さんかくやね》のついた、ひと回《まわ》り小《ちい》さな小屋《こや》が置《お》いてあります。床《ゆか》には毛布《もうふ》も敷《し》いてあります。

「お父《とう》さん、なあに、それ？」

「犬小屋《いぬごや》だよ。今度《こんど》、ルナという犬《いぬ》がやってくるんだよ」

「え？　犬《いぬ》？　わぁ、すごいなぁ」

敏《びん》くんは、目《め》をパチクリさせて、その日《ひ》を楽《たの》しみにしていました。

ルナは、最初《さいしょ》は、沢口《さわぐち》さんの親戚《しんせき》の家《いえ》で飼《か》っていた犬《いぬ》でした。親戚《しんせき》が遠《とお》くへ引《ひ》っ越《こ》すことになって、どうしても飼《か》えなくなったのです。その話《はなし》を聞《き》いた敏《びん》くんのお父《とう》さんが、自分《じぶん》の家《いえ》に引《ひ》き取《と》ることになったのです。

ルナは、おとうさん犬《いぬ》やおかあさん犬《いぬ》、そして、代々《だいだい》の先祖《せんぞ》の名前《なまえ》が書《か》いてある証明書《しょうめいしょ》、いわゆる血統書《けっとうしょ》の付《つ》いたアイヌ犬《けん》です。いまは、北海道犬《ほっかいどうけん》と呼《よ》ばれています。

北海道犬《ほっかいどうけん》は数《かず》が少《すく》ないので、国《くに》で、天然記念物《てんねんきねんぶつ》に指定《してい》して、大事《だいじ》に保護《ほご》しています。ほかに、秋田犬《あきたいぬ》や柴犬《しばいぬ》、甲斐犬《かいけん》、紀州犬《きしゅうけん》、四国犬《しこくけん》が天然記念物《てんねんきねんぶつ》になっています。

北海道犬《ほっかいどうけん》は、とても頭《あたま》がよく、小《ちい》さなことにもよく気《き》が付《つ》く性格《せいかく》で、あまり吠《ほ》えることがありません。飼《か》い主《ぬし》の言《い》うことをよく聞《き》くけれど、ほかの人《ひと》にはあまりなれないので、番犬《ばんけん》にも向《む》いています。がまん強《づよ》く、勇敢《ゆうかん》なので、北海道《ほっかいどう》では、昔《むかし》から、猟師《りょうし》さんが、熊狩《くまが》りやエゾ鹿狩《しかが》りに連《つ》れて行《い》くことの多《おお》かった犬《いぬ》です。

敏《びん》くんのお父《とう》さんも、仕事《しごと》が休《やす》みの日《ひ》には、山《やま》にはいって猟《りょう》をすることがあります。お父《とう》さんは、ルナを引《ひ》き取《と》ったときから、いつかはルナを猟《りょう》に連《つ》れていきたいと思《おも》っていました。

ルナが来《き》てから、敏《びん》くんはとても早起《はやお》きになりました。ルナの顔《かお》が見《み》たくて、朝《あさ》、起《お》きてすぐ、犬小屋《いぬごや》へ走《はし》っていきます。

「おはよう、ルナ」

敏《びん》くんのあいさつに、かしこいルナは、軽《かる》く頭《あたま》を下《さ》げ、尻尾《しっぽ》を大《おお》きくふってこたえます。

それまでの家族《かぞく》とはなれて、さびしい思《おも》いで敏《びん》くんの家《いえ》へ来《き》たルナは、ほんとうは不安《ふあん》でいっぱいでした。犬《いぬ》にとって、飼《か》い主《ぬし》が代《か》わることほど、心配《しんぱい》なことはありません。そんなルナを、思《おも》い切《き》りかわいがってくれる敏《びん》くんが安心《あんしん》させてくれました。

ただ、ルナは、敏《びん》くんの相手《あいて》はするけれど、自分《じぶん》のほうから敏《びん》くんをさそって遊《あそ》ぶようなことはしませんでした。

なぜかというと、ルナは大人《おとな》の犬《いぬ》になっていたので、敏《びん》くんのことを、自分《じぶん》の子《こ》どものように思《おも》ったからです。

そのことは、夏《なつ》に、家族《かぞく》で海水浴《かいすいよく》へ行《い》ったときに、はっきりわかりました。砂浜《すなはま》で遊《あそ》んでいた敏《びん》くんが、海《うみ》に入《はい》って、バシャバシャと水《みず》しぶきを上《あ》げたときのことです。それを見《み》ていたルナは、すごい勢《いきお》いで海《うみ》へ飛《と》び込《こ》んで行《い》きました。

お父《とう》さんがおどろいて見《み》ていると、ルナは敏《びん》くんのところへ泳《およ》いで行《い》って、自分《じぶん》の体《からだ》を使《つか》って、敏《びん》くんを、どんどん、砂浜《すなはま》のほうへ連《つ》れもどしてきたのです。敏《びん》くんが遊《あそ》んでいた場所《ばしょ》は、海《うみ》の水《みず》が、敏《びん》くんの膝《ひざ》の高《たか》さくらいしかないところでした。それに、お父《とう》さんもお母《かあ》さんも、注意《ちゅうい》して敏《びん》くんを見《み》ていました。

それでも、水《みず》しぶきを見《み》たルナは、敏《びん》くんがおぼれたと思《おも》い、助《たす》けようとしたのです。砂浜《すなはま》に敏《びん》くんを連《つ》れてきたルナは、苦《くる》しそうに、ハー、ハーと荒《あら》い呼吸《こきゅう》をしています。胸《むね》とおなかが大《おお》きくふくらんだり、へこんだりしています。

そんなルナを見《み》て、お父《とう》さんとお母《かあ》さんは大笑《おおわら》いしました。でも、真剣《しんけん》に敏《びん》くんのことを心配《しんぱい》してくれたルナのことを思《おも》って、ふたりとも、キュンと胸《むね》が熱《あつ》くなりました。

ルナは、得意《とくい》そうな顔《かお》をして、ブルブルと胴《どう》ぶるいをしました。体《からだ》についていた海水《かいすい》が、シャワーのように飛《と》びちって、ルナのまわりに虹《にじ》が広《ひろ》がりました。

「わっ、きれいだね」

敏《びん》くんは、顔《かお》にかかった水《みず》しぶきを気《き》にもしないで、うれしそうな声《こえ》を上《あ》げました。

「敏《びん》、ルナはね、敏《びん》が、おぼれたと思《おも》って、助《たす》けてくれたんだよ」

お父《とう》さんが、笑《わら》いながら言《い》いました。

敏《びん》くんは、はっと自分《じぶん》に返《かえ》って、ルナの背中《せなか》に抱《だ》きつきました。ルナの胸《むね》の動《うご》きと心臓《しんぞう》の音《おと》が、敏《びん》くんの体《からだ》に伝《つた》わってきます。

「ぼく、遊《あそ》んでいただけなんだよ。でも、ルナは、ぼくがおぼれていると思《おも》ったんだね。助《たす》けてくれて、ありがとう」

敏《びん》くんは、ルナに話《はな》しかけました。

それからも、ルナは、外《そと》で遊《あそ》ぶときには、いつも、敏《びん》くんがどこにいるか、気《き》にしていました。危険《きけん》がないように、やさしく見守《みまも》っているようにも見《み》えました。お父《とう》さんも、お母《かあ》さんも、そんなルナを引《ひ》き取《と》って、ほんとうによかったと思《おも》いました。

兄弟《きょうだい》ができたよ

ぼくが生《う》まれたころの話《はなし》だよ

ルナが沢口《さわぐち》さんの家《いえ》に来《き》て、二か月《げつ》くらいたったころです。いつもは静《しず》かなルナが、急《きゅう》に、落《お》ち着《つ》かないようすを見《み》せはじめました。イライラしたりすることの少《すく》ない北海道犬《ほっかいどうけん》には、珍《めずら》しい行動《こうどう》です。

犬小屋《いぬごや》のなかで、ウロウロと歩《ある》きまわったり、壁《かべ》をカリカリとひっかいたりしています。ときどき、毛布《もうふ》の上《うえ》に腹《はら》ばいになって、不安《ふあん》そうな顔《かお》をします。

散歩《さんぽ》に連《つ》れて行《い》っても、トイレが終《お》わると、すぐに帰《かえ》ろうとします。

敏《びん》くんは、そんなルナが心配《しんぱい》でたまりません。

「ね、お父《とう》さん、ルナはだいじょうぶなの？　病気《びょうき》じゃないの」

「そうだね、いつもと少《すこ》し違《ちが》うけど、ごはんは、たくさん食《た》べてるだろ。それに、おなかをこわしているようすもないし、元気《げんき》があるから、病気《びょうき》じゃないと思《おも》うよ」

お父《とう》さんが、敏《びん》くんを安心《あんしん》させるように言《い》いました。お母《かあ》さんも、敏《びん》くんに言《い》いました。

「敏《びん》、まだわからないけど、ルナは、おなかに赤《あか》ちゃんがいるかもしれないよ。おなかは大《おお》きくなっているように見《み》えないから、はっきり言《い》えないけどね」

お父《とう》さんもおなじ考《かんが》えでした。

「そうだね、おなかに子《こ》どもがいるみたいだね、きっといるよ」

ルナが家族《かぞく》になったばかりなのに、もう子犬《こいぬ》が生《う》まれるかもしれないというのです。敏《びん》くんは、すぐに、子犬《こいぬ》が生《う》まれたときのことを想像《そうぞう》して、胸《むね》がわくわくしてきました。

次《つぎ》の日《ひ》、獣医《じゅうい》さんに診《み》てもらうと、思《おも》ったとおり、ルナのおなかに、赤《あか》ちゃんがいることがわかりました。そして、もうすぐ生《う》まれそうになっていたのです。

お父《とう》さんもお母《かあ》さんも、犬《いぬ》のことは詳《くわ》しかったけれど、ルナのおなかは目立《めだ》たないほどの大《おお》きさでした。

獣医《じゅうい》さんに相談《そうだん》すると、ルナはとても健康《けんこう》なので、病院《びょういん》ではなく、家《いえ》で子《こ》犬《いぬ》を生《う》ませてもだいじょうぶということでした。

それから一週間後《しゅうかんご》のことです。

仕事《しごと》が休《やす》みだったお父《とう》さんは、庭《にわ》の手入《てい》れをしながら、ときどき、犬小屋《いぬごや》のルナのようすを見《み》ていました。お母《かあ》さん犬《いぬ》の世話《せわ》がへただと、生《う》まれた子犬《こいぬ》が死《し》んでしまうことも少《すく》なくないからです。そんなときには、手伝《てつだ》ってあげなければいけません。

子犬《こいぬ》は、お母《かあ》さんのおなかから、袋《ふくろ》に包《つつ》まれて生《う》まれてきます。普通《ふつう》は、お母《かあ》さん犬《いぬ》が袋《ふくろ》をやぶって子犬《こいぬ》を出《だ》してあげます。それが遅《おく》れると、子犬《こいぬ》は呼吸《こきゅう》ができずに死《し》んでしまいます。

また、お母《かあ》さん犬《いぬ》と子犬《こいぬ》をつないでいるヘソの緒《お》を切《き》るのも、お母《かあ》さん犬《いぬ》の役目《やくめ》です。もっと大事《だいじ》なのは、仮死状態《かしじょうたい》の子犬《こいぬ》です。半分《はんぶん》、死《し》んだ状態《じょうたい》で生《う》まれてくる子犬《こいぬ》のことで、このときは、人間《にんげん》が手伝《てつだ》ってあげなければ、子犬《こいぬ》は死《し》んでしまうことが多《おお》いのです。

お父《とう》さんは、ルナのじゃまをしないように、たびたび、こっそりと犬小屋《いぬごや》をのぞいていました。お母《かあ》さんも、家《いえ》を出《で》たり入《はい》ったり、気《き》になって仕方《しかた》がありません。うれしさと心配《しんぱい》が半分《はんぶん》ずつで、落《お》ち着《つ》いていられないのです。

それは、人間《にんげん》の赤《あか》ちゃんが生《う》まれるときも、犬《いぬ》や猫《ねこ》の子《こ》どもが生《う》まれるときも、そんなに変《か》わりません。

敏《びん》くんは、朝《あさ》からずっと、犬小屋《いぬごや》から少《すこ》しはなれたところで遊《あそ》んでいます。ほんとうは、ルナのそばにいたかったけれど、お父《とう》さんから、ルナに近《ちか》づかないように注意《ちゅうい》されていたのです。静《しず》かにして、ルナに落《お》ち着《つ》いて子犬《こいぬ》を生《う》んでもらおうと思《おも》ったからです。

その日《ひ》の夕方《ゆうがた》、お父《とう》さんと敏《びん》くんがルナのようすを見《み》てみると、犬小屋《いぬごや》のなかから、かすかにミュー、ミューとなき声《ごえ》が聞《き》こえてきました。

「あ、生《う》まれたみたいだよ。ルナ、ちょっと見《み》せてごらん」

なき声《ごえ》が聞《き》こえたということは、子犬《こいぬ》が元気《げんき》に生《う》まれたということです。

手伝《てつだ》ってあげる必要《ひつよう》はありません。

お父《とう》さんがルナに声《こえ》をかけて、よく見《み》ると、手《て》のひらに乗《の》るくらいの小《ちい》さな子犬《こいぬ》が一匹《いっぴき》、ルナのおなかのところで動《うご》いています。ルナとおなじ、黒《くろ》い色《いろ》の子犬《こいぬ》が、ミルクを飲《の》もうとしているところでした。

いっしょに見《み》ていた敏《びん》くんが、興奮《こうふん》して声《こえ》を上《あ》げました。

「赤《あか》ちゃん、生《う》まれたの!?　すごいね。赤《あか》ちゃんが生《うま》れるのって、ほんとうにすごいんだね」

「そうだね、こんなにうれしいことって、そんなにないよね。いや、敏《びん》が生《う》まれたときは、お父《とう》さんは、ものすごくうれしかったな。敏《びん》は、なかなか生《う》まれて来《こ》なくて、お母《かあ》さんは、すごく大変《たいへん》だったんだ。時間《じかん》がかかって、お父《とう》さんは、すごく心配《しんぱい》だったよ。

やっと敏《びん》が生《う》まれたときには、ものすごくうれしかったな。お母《かあ》さんの体《からだ》も無事《ぶじ》で、お父《とう》さんは、ほんとうに幸《しあわ》せ者《もの》だと思《おも》ったよ」

敏《びん》くんは、少《すこ》し恥《は》ずかしそうな顔《かお》でお父《とう》さんを見上《みあ》げ、こんなことを思《おも》いました。

（そうか、ぼくがお母《かあ》さんから生《う》まれたとき、お父《とう》さんは、いまのぼくみたいに、胸《むね》がドキドキして、すごくうれしかったんだ。でも、ぼくのために、お母《かあ》さんが、そんなに大変《たいへん》だったなんて……。よし、お母《かあ》さんを、もっともっと大切《たいせつ》にしてあげなきゃ）

お父《とう》さんが、ルナの頭《あたま》を軽《かる》くなでて言《い》いました。

「ルナも、きちんと世話《せわ》をしているし、手伝《てつだ》ってやらなくてもだいじょうぶみたいだね。いまはこのままにして、しばらくしてから見《み》に来《こ》よう」

普通《ふつう》、犬《いぬ》は、最初《さいしょ》の子《こ》どもを生《う》んだあと、二〇分《ぷん》から三〇分《ぷん》くらいの間隔《かんかく》で子犬《こいぬ》を生《う》みつづけます。

ルナは、それから二時間《じかん》近《ちか》くかかって、四匹《ひき》の子犬《こいぬ》を生《う》みました。三人《にん》が見守《みまも》るなか、子犬《こいぬ》は元気《げんき》に、体全体《からだぜんたい》をくねらせるようにして動《うご》いています。

敏《びん》くんは大喜《おおよろこ》びで、まばたきもしないで子犬《こいぬ》を見《み》ています。

お母《かあ》さんは、ルナに声《こえ》をかけました。

「ルナ、だいじょうぶ？　疲《つか》れたでしょう。みんな元気《げんき》でよかったね」

ルナは、お母《かあ》さんの声《こえ》に甘《あま》えるように、少《すこ》しだけ顔《かお》を上《あ》げて、すぐに横《よこ》になりました。敏《びん》くんには、お母《かあ》さんが、ルナのことを心配《しんぱい》する気持《きも》ちがよくわかりました。

お母《かあ》さんは、お湯《ゆ》に濡《ぬ》らしたタオルをしぼって、軽《かる》くルナの顔《かお》と体《からだ》をふいてあげました。そして、もう一枚《まい》の毛布《もうふ》を、ルナと、生《う》まれたばかりの子犬《こいぬ》のまわりに置《お》きました。

「明日《あした》まで、このまま静《しず》かに寝《ね》かせてあげましょう」

「そうしよう。ルナにまかせておけばいいね。それに、すっかりおなかがすいたしね。敏《びん》、ご飯《はん》にしよう」

三人《にん》は、犬小屋《いぬごや》のほうを何度《なんど》もふり返《かえ》りながら、家《いえ》のなかにもどりました。

お父《とう》さんは、その日《ひ》、夜中《よなか》に何度《なんど》か起《お》きて、ルナと子犬《こいぬ》のようすを見《み》ました。

元気《げんき》に生《う》まれた四匹《ひき》の子犬《こいぬ》は、男《おとこ》の子《こ》、女《おんな》の子《こ》が、それぞれ二匹《ひき》ずつでした。頭《あたま》のいいルナは、子犬《こいぬ》を育《そだ》てるのも上手《じょうず》で、その日《ひ》から、四匹《ひき》は病気《びょうき》をすることもなく、毎日《まいにち》、どんどん大《おお》きくなっていきました。みんな、ルナをそのまま小《ちい》さくしたような顔《かお》の、かわいい子犬《こいぬ》です。

四匹《ひき》ぜんぶを飼《か》うのは無理《むり》なので、女《おんな》の子《こ》は、お父《とう》さんの知《し》り合《あ》いの漁師《りょうし》さんにあげることにしました。少《すこ》しさびしい気《き》がした敏《びん》くんも、男《おとこ》の子《こ》二匹《ひき》がそのまま残《のこ》るので、がまんしました。名前《なまえ》は、少《すこ》しだけ小《ちい》さいほうにコロ、大《おお》きいほうにはクロとつけました。(クロというのは、ぼくのことだよ)

生《う》まれて一か月《げつ》くらいたったころから、ぼくとコロは、犬小屋《いぬごや》の外《そと》にいる時間《じかん》のほうが多《おお》くなりました。敏《びん》くんのあとを追《お》いかけて、庭《にわ》のなかを走《はし》りまわります。敏《びん》くんの歩《ある》く速《はや》さが、ぼくたちがついて歩《ある》くのにちょうどよかったのです。

生《う》まれたばかりのぼくたちは、見《み》るものすべてがめずらしく、鼻《はな》を土《つち》だらけにして、クンクンと匂《にお》いをかぎまわりました。小《ちい》さく丸《まる》まった尻尾《しっぽ》が、歩《ある》くたびにクルン、クルンとゆれました。

ときどき、鼻《はな》の穴《あな》に土《つち》が入《はい》ってしまい、クシュン、クシュンと、小《ちい》さなくしゃみが出《で》ます。そのたびに、ルナおかあさんはぼくたちに近《ちか》づいて、「だいじょうぶ？」と心配《しんぱい》してくれました。

ルナにとって、ぼくたちはなによりも大切《たいせつ》な、愛《いと》しい子《こ》どもです。そして敏《びん》くんの下《した》にできた兄弟《きょうだい》でした。

ぼくとコロは、ルナおかあさんにそっくりでした。三匹《びき》とも、頭《あたま》と背中《せなか》が真《ま》っ黒《くろ》です。口《くち》のまわりとおなか、手《て》と足《あし》は、色《いろ》が抜《ぬ》けたうす茶色《ちゃいろ》をしています。ちょうど、シュークリームの皮《かわ》のような色《いろ》です。両目《りょうめ》のところに、ポツン、ポツンと白《しろ》い斑点《はんてん》があるのも、三匹《びき》いっしょです。だれが見《み》ても、すぐに親子《おやこ》だとわかりました。

旧《きゅう》・洞爺湖《とうやこ》温泉小学校《おんせんしょうがっこう》

大好《だいす》きな小学校《しょうがっこう》

ぼくとコロは、寒《さむ》い冬《ふゆ》も元気《げんき》にすごしました。雪《ゆき》のなかを、敏《びん》くんに連《つ》れられて、毎日《まいにち》、散歩《さんぽ》をしました。

やがて春《はる》を迎《むか》え、人間《にんげん》でいえば五、六歳《さい》の、ちょうど、敏《びん》くんとおなじくらいの年齢《ねんれい》になっていました。

ただ、ぼくたち二匹《ひき》は、四月《がつ》から、少《すこ》しだけさびしい毎日《まいにち》になりました。六歳《さい》になった敏《びん》くんが、小学校《しょうがっこう》へ通《かよ》うようになったからです。

最初《さいしょ》のうち、ぼくとコロは、敏《びん》くんが家《いえ》を出《で》ようとすると、後《あと》をついていこうとしました。敏《びん》くんが朝早《あさはや》くから、どこかへ行《い》ってしまうように見《み》えたからです。

もう敏《びん》くんと、いっしょに遊《あそ》べなくなる……。そう思《おも》って、ぼくたちは、敏《びん》くんが学校《がっこう》へ行《い》く日《ひ》には、かならず、犬小屋《いぬごや》のなかから、クーン、クーンとなき声《ごえ》をあげました。ルナおかあさんは、敏《びん》くんが帰《かえ》ってくることがわかっていたので、小《ちい》さく尻尾《しっぽ》をふって見送《みおく》ります。

敏《びん》くんは、ぼくとコロの頭《あたま》をなでながら、いつも言《い》いました。

「すぐ、学校《がっこう》から帰《かえ》ってくるから、それから散歩《さんぽ》に行《い》こうね」

敏《びん》くんも、できれば、ぼくたちを学校《がっこう》へ連《つ》れて行《い》きたい気持《きも》ちでした。でも、そんなことはできません。だからといって、敏《びん》くんが学校《がっこう》に行《い》かないわけにもいきません。なによりも敏《びん》くんは学校《がっこう》が大好《だいす》きになったからです。

学校《がっこう》には友《とも》だちがたくさんいます。先生《せんせい》の話《はなし》が聞《き》けて、いろんなことが勉強《べんきょう》できます。思《おも》いきり体《からだ》を動《うご》かして遊《あそ》ぶこともできます。そのどれもが、敏《びん》くんには楽《たの》しかったのです。

もちろん、敏《びん》くんがぼくやコロ、ルナおかあさんのことを忘《わす》れてしまったわけではありません。学校《がっこう》から帰《かえ》ると、真《ま》っ先《さき》に犬小屋《いぬごや》へ来《き》て、お母《かあ》さんがいっしょに散歩《さんぽ》できないときは、ひとりで、一匹《いっぴき》づつ散歩《さんぽ》に連《つ》れていってくれました。

三匹《びき》は、いっしょに散歩《さんぽ》をすると、お互《たが》いに、少《すこ》しわがままなところが出《で》てしまうのです。行《い》きたいところや、遊《あそ》びたい場所《ばしょ》が別々《べつべつ》で、それぞれが自分《じぶん》の行《い》きたいほうへ引《ひ》っ張《ぱ》り、バラバラになってしまいます。

かしこいルナおかあさんも、散歩《さんぽ》のときだけは、どんどん自分《じぶん》の好《す》きなほうへ進《すす》んでいこうとしました。ただ、これには、理由《りゆう》がありました。

敏《びん》くんの家《いえ》の近《ちか》くには、キタキツネやリスなど、野生《やせい》の動物《どうぶつ》が多《おお》く、散歩《さんぽ》道《みち》にも、その匂《にお》いが残《のこ》っています。人間《にんげん》にはわからないけれど、犬《いぬ》にとっては、気《き》になって仕方《しかた》がありません。どうしても追《お》いかけたくなってしまうのです。それが犬《いぬ》の習性《しゅうせい》で、狩《か》りをするときに役立《やくだ》つ能力《のうりょく》です。

三回《かい》も散歩《さんぽ》に行《い》くのは大変《たいへん》だけれど、敏《びん》くんは、いつも喜《よろこ》んで出《で》かけました。ぼくとコロが大《おお》きくなってからは、学校《がっこう》の友《とも》だちと遊《あそ》ぶときに、三匹《びき》を連《つ》れて行《い》くことも多《おお》くなりました。

敏《びん》くんとコロ

やさしいウソ

学校《がっこう》が好《す》きで、きょうは何《なに》をしようかな、明日《あした》はどんな楽《たの》しいことが待《ま》っているだろう？　そんなことを考《かんが》えながら暮《く》らしているうちに、敏《びん》くんの一年間《ねんかん》は、あっという間《ま》にすぎました。

四月《がつ》に二年生《ねんせい》になった敏《びん》くんは、一年生《ねんせい》の世話《せわ》もよくするやさしい子《こ》で、友《とも》だちからも、とても頼《たよ》りにされていました。

ぼくとコロも、病気《びょうき》ひとつしないで育《そだ》ち、大人《おとな》の犬《いぬ》になっていました。

学校《がっこう》がある日《ひ》には、敏《びん》くんが帰《かえ》ってくるまでの間《あいだ》、それぞれ、好《す》きなことをして遊《あそ》びます。

ただ、このころから、ぼくたちの性格《せいかく》が、はっきりと違《ちが》ってきました。

ぼくはルナおかあさんにとてもよく似《に》たようです。やさしくて、落《お》ち着《つ》いた性格《せいかく》だと、敏《びん》くんのお父《とう》さん、お母《かあ》さんから言《い》われるようになりました。まだ若《わか》いので、ときどき、急《きゅう》に庭《にわ》を走《はし》りだしたり、虫《むし》を追《お》いかけて遊《あそ》びます。

それでも、ルナおかあさんにしかられたり、いけないことをして、敏《びん》くんのお父《とう》さんやお母《かあ》さんに注意《ちゅうい》されると、二度《にど》とおなじことはしません。庭《にわ》の草《くさ》の上《うえ》に腹《はら》ばいになって、静《しず》かにしていることも多《おお》くなっていました。

コロも、やさしいところはルナおかあさんやぼくとおなじでした。でも、ほかはぼくと正反対《せいはんたい》の性格《せいかく》でした。何度《なんど》しかられても、庭《にわ》の土《つち》を掘《ほ》り返《かえ》したり、植木鉢《うえきばち》を倒《たお》しても平気《へいき》な顔《かお》をしています。いたずら好《ず》きで、いつまでも子《こ》どもっぽい犬《いぬ》でした。体《からだ》も、ぼくより少《すこ》し小《ちい》さく、弟《おとうと》のようにも見《み》えました。おそらく、だれも知《し》らない、おとうさん犬《いぬ》のほうに似《に》たようです。お父《とう》さんやお母《かあ》さんが、いくら注意《ちゅうい》しても、コロは「ボク、なにか、悪《わる》いことをしたの？」とでも言《い》っているかのように、きょとんとした目《め》をするだけです。自分《じぶん》が、どうしてしかられているのか、わからないようです。お父《とう》さんもお母《かあ》さんも、そんなコロには、少《すこ》し困《こま》っていました。ただ、敏《びん》くんは、コロをいつもかばいました。

敏《びん》くんは、学校《がっこう》でも、小《ちい》さい子《こ》の面倒《めんどう》をよくみたり、いじめられている子《こ》がいると、真《ま》っ先《さき》に助《たす》けてあげるような子《こ》です。自分《じぶん》より小《ちい》さい子《こ》にはやさしく、年上《としうえ》の乱暴《らんぼう》な子《こ》にも負《ま》けない、正義感《せいぎかん》の強《つよ》い子《こ》です。いつも落《お》ち着《つ》いていて、どこか大人《おとな》のようなところもありました。お父《とう》さんやお母《かあ》さんから見《み》ても、敏《びん》くんは、しっかり者《もの》の子《こ》どもでした。

でも、だからこそ、敏《びん》くんは、どこまでも子《こ》どもらしいコロのことが好《す》きだったのです。学校《がっこう》の友《とも》だちからは、敏《びん》くんは自然《しぜん》に頼《たよ》りにされるようになりました。やさしい敏《びん》くんは、そんな期待《きたい》にこたえようとしました。

コロと遊《あそ》んでいるときには、そんなにがんばらなくてもよかったのです。子《こ》どもっぽいコロと遊《あそ》んでいると、敏《びん》くんは、自分《じぶん》も、子《こ》どもらしい子《こ》どもでいられると感《かん》じていたようで、とても楽《らく》そうに見《み》えました。

コロが、お父《とう》さんの大事《だいじ》にしている植木鉢《うえきばち》を、間違《まちが》って割《わ》ってしまったときのことです。

その日《ひ》は日曜日《にちようび》で、庭《にわ》で敏《びん》くんとぼく、コロ、ルナおかあさんが遊《あそ》んでいました。小《ちい》さな蝶《ちょう》を追《お》いかけて、夢中《むちゅう》で走《はし》りまわっていたコロが、植木《うえき》が並《なら》んでいる台《だい》にぶつかって、鉢《はち》を落《お》として割《わ》ってしまいました。

そのようすは、庭《にわ》にいたお父《とう》さんもお母《かあ》さんも、遠《とお》くから見《み》ていました。

やさしいお父《とう》さんは、めったに怒《おこ》ったことはありません。でも、そのときは、とても大事《だいじ》にしている植木鉢《うえきばち》だったので、コロの首輪《くびわ》をつかまえて、しかろうとしました。

「コロっ!!……」

そこまで言《い》ったときです。敏《びん》くんがかけて来《き》て、地面《じめん》に両手《りょうて》をついて謝《あやま》ったのです。頭《あたま》が地面《じめん》につきそうです。

「お父《とう》さん、ごめんなさい。植木鉢《うえきばち》を割《わ》ったのは、ぼくです。許《ゆる》してください。コロじゃないんです。ぼくがひっかけて、落《お》として割《わ》ってしまったんです」

そう言《い》って上《うえ》を向《む》いた敏《びん》くんの目《め》には、涙《なみだ》がにじんでいました。お父《とう》さんは、その涙《なみだ》を見《み》て、コロをしかることができなくなってしまいました。

敏《びん》くんは、お父《とう》さんもお母《かあ》さんも、コロが植木鉢《うえきばち》を割《わ》ったことに気《き》づいているこことを知《し》っていました。そして、ウソをつくのはいけないということも、もちろんわかっていました。

でも、そのときの敏《びん》くんには、コロがしかられるのを見《み》るのは、自分《じぶん》がしかられるよりも、もっとつらいことだったのです。それなら、自分《じぶん》がコロのかわりにしかられてあげよう、そう思《おも》いました。

心《こころ》のなかで、敏《びん》くんは叫《さけ》んでいました。

(お父《とう》さん、ウソをついてごめんなさい。でも、ぼくがコロのかわりに謝《あやま》るから、どうか許《ゆる》してください)

お父《とう》さんにも、そんな敏《びん》くんの心《こころ》が、はっきりと見《み》えました。

「わかったよ、もういいよ。植木鉢《うえきばち》は割《わ》らないように注意《ちゅうい》しなさい」

お父《とう》さんは、それだけ言《い》って、庭《にわ》の手入《てい》れをするためにもどっていきました。お母《かあ》さんは、コロのことを思《おも》って涙《なみだ》を流《なが》した敏《びん》くんを見《み》て、自分《じぶん》の目《め》にも涙《なみだ》が浮《う》かんでくるのを感《かん》じていました。

敏《びん》くんのお母《かあ》さんは、敏《びん》くんが小《ちい》さいころから、だれにでも大《おお》きな声《こえ》であいさつをすること、目上《めうえ》の人《ひと》にていねいな言葉《ことば》づかいをすること、また、友《とも》だちや小《ちい》さい子《こ》、お年寄《としよ》りにやさしくするようにと教《おし》えてきました。ほかの子《こ》のお母《かあ》さんよりも、ずっと厳《きび》しく、敏《びん》くんに言《い》い聞《き》かせてきました。

敏《びん》くんは、そんなお母《かあ》さんの教《おし》えのとおり、ほかの人《ひと》に思《おも》いやりのある、やさしい子《こ》に育《そだ》っていたのです。

「もういいよ、お母《かあ》さんも、敏《びん》の気持《きも》ちはよくわかったよ。でもね、ウソはついちゃだめよ。ぜったいにね」

そう言《い》って、お母《かあ》さんも、涙《なみだ》を見《み》られないように、手《て》でこっそりとぬぐいながら、花畑《はなばたけ》のほうへ行《い》ってしまいました。

残《のこ》された敏《びん》くん。肝心《かんじん》のコロは、どうして敏《びん》くんが泣《な》いているのかわからないようで、ふしぎそうな顔《かお》をして、少《すこ》しはなれたところから、敏《びん》くんの顔《かお》を見《み》ています。

ぼくとルナおかあさんは、コロのかわりに謝《あやま》ってくれた敏《びん》くんに、「ごめんね」と言《い》いながら、敏《びん》くんの顔《かお》や手《て》をペロペロとなめました。

遠《とお》くから、そのようすを見《み》ていたお母《かあ》さんは、まるで、ほんとうの兄弟《きょうだい》のようだと思《おも》いました。

敏《びん》くんとコロ

大島先生《おおしませんせい》との出会《であ》い

敏《びん》くんは、三年生《ねんせい》になっていました。学校《がっこう》でも、やさしくて強《つよ》い少年《しょうねん》ということで、学校中《がっこうじゅう》の子《こ》から知《し》られていました。

クラスでなにかを決《き》めるときはもちろん、学校全体《がっこうぜんたい》の行事《ぎょうじ》にも、積極的《せっきょくてき》に参加《さんか》しました。先生《せんせい》たちからも、とても信頼《しんらい》されていました。

ただ、敏《びん》くんも、ときどきは、ほかの小学生《しょうがくせい》とおなじように、騒《さわ》いだり、馬鹿《ばか》をやってみたいと思《おも》うこともありました。

でも、それはできませんでした。すぐに、自分《じぶん》のまわりの人《ひと》のことを考《かんが》えてしまう性格《せいかく》だったからです。そして、お父《とう》さん、お母《かあ》さんを困《こま》らせるような子《こ》になってはいけないと、いつも思《おも》っていました。

お父《とう》さんとお母《かあ》さんが、自分《じぶん》のことを、ほんとうに大事《だいじ》にしてくれている

こと、かわいがってくれていることも、よく知《し》っていました。

そんな敏《びん》くんが、少《すこ》しずつ興味《きょうみ》を持《も》っていったことがあります。絵《え》をかく

ことでした。真《ま》っ白《しろ》な画用紙《がようし》は、敏《びん》くんだけの自由《じゆう》な世界《せかい》です。だれに気《き》を

使《つか》う必要《ひつよう》もありません。

その画用紙《がようし》に、いろんな絵《え》を、好《す》きな色《いろ》を使《つか》って描《えが》くことは、敏《びん》くんにとっ

て、なによりも楽《たの》しいことでした。時間《じかん》を忘《わす》れて、どこまでも敏《びん》くんの世界《せかい》

が広《ひろ》がっていくのです。

学校《がっこう》で絵《え》をかくことの楽《たの》しさを知《し》った敏《びん》くんは、家《いえ》でも、ときどきかくよ

うになりました。自然《しぜん》が大好《だいす》きで、自分《じぶん》の部屋《へや》の窓《まど》から見《み》える有珠山《うすざん》、木《き》や

花《はな》、そしてぼくやコロ、ルナおかあさんもかきました。

外《そと》で絵《え》をかいているとき、ぼくはいつも敏《びん》くんのとなりで、静《しず》かに敏《びん》くんの絵《え》と、敏《びん》くんを見《み》ていました。ぼくは、動《うご》きまわっているよりも、静《しず》かに、なにかを考《かんが》えることが好《す》きでした。敏《びん》くんが絵《え》をかいている姿《すがた》を見《み》ていると、なんだか、ぼくもいっしょに絵《え》をかいているような気持《きも》ちがしました。

コロのほうは、敏《びん》くんがじっと座《すわ》って絵《え》をかいているときは、つまらないので、一匹《いっぴき》で遊《あそ》びつづけました。


ある日《ひ》の午後《ごご》のことです。

敏《びん》くんに、お父《とう》さんの知《し》り合《あ》いの人《ひと》が、絵《え》の教室《きょうしつ》を開《ひら》いている先生《せんせい》がいることを教《おし》えてくれました。大島忠昭《おおしまただあき》という名前《なまえ》の先生《せんせい》で、洞爺湖《とうやこ》の村《むら》でアトリエをもち、子《こ》どもたちに絵《え》を教《おし》えているとのことでした。
話《はなし》を聞《き》いた敏《びん》くんは、ぜひ絵《え》を勉強《べんきょう》してみたいと思《おも》うようになりました。お父《とう》さんとお母《かあ》さんに相談《そうだん》したところ、敏《びん》くんが絵《え》の教室《きょうしつ》にかようことに賛成《さんせい》してくれました。

敏《びん》くんは、面接《めんせつ》を受《う》けて大島先生《おおしませんせい》から生徒《せいと》になることを認《みと》められ、毎週土曜日《まいしゅうどようび》の午後《ごご》、バスを乗《の》りついで、教室《きょうしつ》にかよいはじめました。

お父《とう》さんとお母《かあ》さんは、教室《きょうしつ》が遠《とお》く、かようのが大変《たいへん》だったので、長《なが》くつづけられるだろうかと、心配《しんぱい》でした。でも、敏《びん》くんは、雨《あめ》の日《ひ》も、そして冬《ふゆ》の寒《さむ》く厳《きび》しい雪《ゆき》の日《ひ》も、休《やす》まずにかよいました。

それまで、いっしょに遊《あそ》んでいた友《とも》だちも、土曜日《どようび》だけは、敏《びん》くんが大好《だいす》きな絵《え》の勉強《べんきょう》をしていることを知《し》って、じゃまをしないようにと、誘《さそ》わなくなりました。友《とも》だちも、みんなが、そんなやさしさをもっていたのです。

そのかわり、敏《びん》くんは、大島先生《おおしませんせい》の教室以外《きょうしついがい》では、まったく絵《え》をかかなくなりました。だらだらと絵《え》をかくのではなく、大島先生《おおしませんせい》の教室《きょうしつ》でだけ、集中《しゅうちゅう》してかくようになりました。

絵《え》の教室《きょうしつ》のある日《ひ》以外《いがい》は、それまでとおなじように、友《とも》だちと遊《あそ》んだり、家《いえ》で勉強《べんきょう》したりしました。ルナおかあさんやぼく、コロの散歩《さんぽ》や世話《せわ》もおなじです。

敏《びん》くんの絵《え》は、大島先生《おおしませんせい》の指導《しどう》でどんどん素晴《すば》らしくなりました。まじめな性格《せいかく》で、先生《せんせい》の指導《しどう》をよく聞《き》いたからです。なによりも絵《え》の才能《さいのう》がありました。

ほかの生徒《せいと》が、次々《つぎつぎ》と新《あたら》しい絵《え》をかきたがるのに、敏《びん》くんは、一枚《まい》の絵《え》をじっくりと仕上《しあ》げていきました。絵《え》の具《ぐ》も画用紙《がようし》も無駄《むだ》にするのが嫌《きら》いで、いつも、大切《たいせつ》にかきました。

大好《だいす》きなヒマワリの絵《え》をかいたときも、敏《びん》くんは、ほかのだれよりも、ていねいにかきあげました。

ヒマワリは、太陽《たいよう》に向《む》かって、まっすぐに胸《むね》を張《は》って顔《かお》を上《あ》げ、大《おお》きな花《はな》を咲《さ》かせます。そんなところが、敏《びん》くんは好《す》きでした。お母《かあ》さんも、そのことを知《し》って、毎年《まいとし》、庭《にわ》の花畑《はなばたけ》に、ヒマワリをたくさん植《う》えてくれました。

ヒマワリの絵《え》をかいている敏《びん》くんに、あるとき、大島先生《おおしませんせい》が言《い》いました。

「今度《こんど》、ユネスコのジュニアアート展《てん》があるから、敏《びん》くんも出《だ》してみようか。そのつもりで、何枚《なんまい》か仕上《しあ》げてごらん」

このアート展《てん》には、日本全国《にほんぜんこく》から、たくさんの子《こ》どもたちの作品《さくひん》が出品《しゅっぴん》されます。先生《せんせい》は、敏《びん》くんにも、絵《え》をかく励《はげ》みになるようにと、絵《え》を出《だ》すことをすすめたのです。

がんばり屋《や》の敏《びん》くんは、さっそく、出展《しゅってん》する絵《え》をかきはじめました。ちょうど、五月《がつ》の節句《せっく》の時期《じき》で、家《いえ》のまわりには、鯉《こい》のぼりがたくさん泳《およ》いでいました。敏《びん》くんは、その鯉《こい》のぼりをかくことに決《き》めました。

先生《せんせい》から言《い》われているとおり、目《め》で見《み》えるところだけじゃなく、自分《じぶん》の頭《あたま》に浮《う》かんでくることもいっしょに、ていねいに描《えが》きました。

風《かぜ》を口《くち》いっぱいに受《う》けて元気《げんき》に泳《およ》ぐ五匹《ひき》の鯉《こい》のぼりと、急《きゅう》に大《おお》きくなって泳《およ》ぎだした鯉《こい》のぼりにおどろいて、逃《に》げ出《だ》す友《とも》だちとコロが描《えが》いてあります。

友《とも》だちからは頼《たよ》りにされ、大人《おとな》びたところのある敏《びん》くんも、絵《え》には、とて

「ひまわりと虫《むし》」

も子《こ》どもらしい世界《せかい》が表現《ひょうげん》されていました。

アート展《てん》に出品《しゅっぴん》した敏《びん》くんの絵《え》は、審査《しんさ》の先生《せんせい》から高《たか》い点数《てんすう》をつけられ、鯉《こい》のぼりの絵《え》が入選《にゅうせん》しました。敏《びん》くんは、大島先生《おおしませんせい》の教室《きょうしつ》にかよったことを、ほんとうによかったと思《おも》いました。

「こいのぼり」

ルナおかあさん、さようなら

ジュニアアート展《てん》ではじめて入選《にゅうせん》し、敏《びん》くんの絵《え》の世界《せかい》はますます広《ひろ》がっていきました。絵《え》にしたいこと、描《えが》きたいものは、たくさんありました。

ただ、その年《とし》は、とても悲《かな》しい出来事《できごと》もありました。

北海道《ほっかいどう》の夏《なつ》は、暑《あつ》い日《ひ》はそれほど長《なが》くつづきません。ほとんどの犬《いぬ》は暑《あつ》さに弱《よわ》いので、北海道《ほっかいどう》は、犬《いぬ》にはとても暮《く》らしやすいところなのです。でも、ルナおかあさんが急《きゅう》に元気《げんき》をなくしてしまったのです。

八月《がつ》に入《はい》ってから、いつも元気《げんき》なコロが、ふしぎに、あまり遊《あそ》ばなくなりました。ぼくもルナおかあさんのようすが、いつもと違《ちが》っていたので、心配《しんぱい》でした。夜《よる》から朝《あさ》にかけて、ぼくとコロは、ときどき、もの悲《がな》しい声《こえ》でなきました。それまで、こんな不安《ふあん》な気持《きも》ちになったことは一度《いちど》もありませんでした。

そんな日《ひ》がつづいてから、しばらくして、ルナおかあさんは、体《からだ》を動《うご》かすことができなくなりました。獣医《じゅうい》さんに診《み》てもらったときには、どうにもならないほど重《おも》い病気《びょうき》になっていました。

獣医《じゅうい》さんは、あと数日《すうじつ》の命《いのち》だろうと言《い》いました。

敏《びん》くんはもちろん、お父《とう》さんにもお母《かあ》さんにも、信《しん》じられませんでした。

ぼくもコロも、なにが起《お》きたのかわかりませんでした。ルナおかあさんは、まだ、とても若《わか》かったからです。

そして、数日後《すうじつご》のことです。

お父《とう》さん、お母《かあ》さん、敏《びん》くんが、横《よこ》たわったままのルナおかあさんの体《からだ》をさすっています。

「ルナ、死《し》んじゃだめだよ。元気《げんき》を出《だ》してよ。また、いっしょに海《うみ》に遊《あそ》びに行《い》こうよ」

敏《びん》くんが涙声《なみだごえ》でルナおかあさんに声《こえ》をかけると、ルナおかあさんは、少《すこ》しだけ目《め》を開《あ》け、すぐに閉《と》じてしまいました。苦《くる》しそうな息《いき》の音《おと》だけが聞《き》こえます。最後《さいご》に、ルナおかあさんは、尻尾《しっぽ》を一度《いちど》だけ小《ちい》さくふって、みんなにお別《わか》れをして、静《しず》かに呼吸《こきゅう》をとめました。

ほんとうは苦《くる》しいに違《ちが》いなかったのです。でも、つらそうな表情《ひょうじょう》はひとつも見《み》せませんでした。人間《にんげん》の年齢《ねんれい》でいえば、まだ四〇歳《さい》くらいでした。

ルナおかあさんのような純血種《じゅんけつしゅ》（代々《だいだい》受《う》け継《つ》がれている血統《けっとう》・ルナの場合《ばあい》

は北海道犬《ほっかいどうけん》です）の犬《いぬ》は、雑種《ざっしゅ》（ミックスとも言《い》います）の犬《いぬ》よりも、どうしても体《からだ》が弱《よわ》く、遺伝的《いでんてき》な病気《びょうき》にもかかりやすく、そのために寿命《じゅみょう》が短《みじか》い傾向《けいこう》があります。

ルナおかあさんは、もう、息《いき》をしません。ルナおかあさんの体《からだ》がどんどん冷《つめ》たくなっていきます。

コロとぼくは、悲《かな》しくて、悲《かな》しくて、声《こえ》をあげて泣《な》きました。そして、子犬《こいぬ》のころにもどったように、ぴったりと体《からだ》を寄《よ》せ合《あ》い、地面《じめん》に伏《ふ》せてしまいました。

ルナおかあさんが動《うご》かなくなったのを見《み》た敏《びん》くんは、涙《なみだ》をふきながら、ぼくとコロを抱《だ》きしめました。

敏《びん》くんが顔《かお》を上《あ》げると、遠《とお》くに、お母《かあ》さんが大事《だいじ》にしている花畑《はなばたけ》が見《み》えました。花《はな》の形《かたち》が急《きゅう》にくずれて、色《いろ》がにじんで、まじりあいました。敏《びん》くんの目《め》に、また涙《なみだ》があふれて、流《なが》れ落《お》ちました。

思《おも》いやりの心《こころ》

ルナおかあさんが死《し》んで、その悲《かな》しみが消《き》えないうちに、夏《なつ》がすぎました。敏《びん》くんの家《いえ》の庭《にわ》には、赤《あか》や黄色《きいろ》に染《そ》まった葉《は》が、じゅうたんのようにしきつめられています。

コロが、クルクル回転《かいてん》しながら落《お》ちてくる葉《は》を追《お》いかけて、走《はし》りまわっています。ときどき、犬小屋《いぬごや》のほうを見《み》て、駆《か》け寄《よ》っていきます。

甘《あま》えん坊《ぼう》のコロは、夢中《むちゅう》で遊《あそ》んでいるうちに、ルナおかあさんを思《おも》い出《だ》して、小屋《こや》へ走《はし》って行《い》くのです。そして、いつも、途中《とちゅう》で、もうルナおかあさんがいないことに気《き》づいて立《た》ちどまり、さびしそうにうつむきながら、もどってきて、思《おも》い直《なお》したように、また遊《あそ》びはじめます。

コロも、ほんとうは、ルナおかあさんが死《し》んでしまったことは、よくわかっていました。それでも、生《い》きていればいいな、ひょっとしたら、という気持《きも》ちが、そんな行動《こうどう》をとらせていたのです。

ぼくは、遊《あそ》んでいるコロを見《み》ながら、犬小屋《いぬごや》の近《ちか》くで、敏《びん》くんが学校《がっこう》から帰《かえ》ってくるのを、腹《はら》ばいになって、待《ま》ちました。

犬小屋《いぬごや》の網《あみ》には、まだルナおかあさんの黒《くろ》い毛《け》がついています。やさしい匂《にお》いも残《のこ》っています。ぼくは、そんな犬小屋《いぬごや》が好《す》きで、天気《てんき》のいい日《ひ》は、いつもその場所《ばしょ》にいました。

ぼくも、コロとおなじように、ルナおかあさんがいなくなって、とてもさみしかったのです。心《こころ》に、ポッカリと、大《おお》きな穴《あな》が開《あ》いたようでした。ただ、敏《びん》くんのやさしさが、ぼくにはとてもうれしいことでした。

そのころは、お父《とう》さんもお母《かあ》さんも、コロがいたずらをしても、しょうがないなと、笑《わら》いながら見《み》ているようになりました。子《こ》どもっぽいコロのことが、とてもかわいく見《み》えてきたからです。それに、敏《びん》くんが、コロをとてもかわいがっていることも知《し》っていました。

敏《びん》くんは四年生《ねんせい》になっていました。

体《からだ》は大《おお》きく、上級生《じょうきゅうせい》にまじってても目立《めだ》つくらいでした。勉強《べんきょう》もスポーツも得意《とくい》で、クラスのまとめ役《やく》にもなっていました。野球《やきゅう》も好《す》きで、日曜日《にちようび》には、友《とも》だちとよく野球《やきゅう》をやりました。

友《とも》だちのだれもが言《い》うのが、敏《びん》くんが「やさしい」ということで、学校《がっこう》の先生《せんせい》や、ほかの子《こ》のお母《かあ》さんたちが、敏《びん》くんのお母《かあ》さんに、よく話《はなし》してくれました。

学校《がっこう》でもどこでも、いじめられている子《こ》がいると、だまって見《み》ていることができず、かならず助《たす》けに入《はい》りました。気《き》がやさしくて力《ちから》が強《つよ》く、いつのころからか、敏《びん》くんは、「ガードマン」と呼《よ》ばれるようにもなりました。いつも、自分《じぶん》のまわりの人《ひと》たちの気持《きも》ちを大切《たいせつ》にする少年《しょうねん》だったのです。

一学期《がっき》も、あと一週間《しゅうかん》で終《お》わりという日《ひ》のことです。最後《さいご》の日《ひ》は参観日《さんかんび》になっていました。敏《びん》くんは、参観日《さんかんび》の連絡票《れんらくひょう》をお母《かあ》さんに渡《わた》しながら言《い》いました。

「お母《かあ》さん、お願《ねが》いがあるんだけど……。今度《こんど》の参観日《さんかんび》だけど、お母《かあ》さんは来《こ》なくていいよ」

いつもは、参観日《さんかんび》にお母《かあ》さんが来《き》てくれるのを楽《たの》しみにしている敏《びん》くんが、来《こ》なくてもいいと言《い》うのです。

敏《びん》くんの家《いえ》は、とても仲《なか》がよく、とくに敏《びん》くんとお母《かあ》さんは、なんでも話《はな》せる親子《おやこ》でした。お母《かあ》さんは厳《きび》しいけれど、普段《ふだん》は、敏《びん》くんの友《とも》だちのようでもありました。

「どうして？　お母《かあ》さんに、来《き》てほしくないことでもあるの？　なにか、困《こま》ることでもあるの」

お母《かあ》さんが聞《き》くと、敏《びん》くんは真剣《しんけん》な顔《かお》で言《い》いました。

「そんなこと、あるわけないよ。いつも、お母《かあ》さんが来《き》てくれるの、楽《たの》しみにしてるじゃない。ただ、今度《こんど》は、できれば伯母《おば》さんに来《き》てほしいんだよ」

お母《かあ》さんは、最初《さいしょ》、敏《びん》くんがなにを言《い》っているのかわかりませんでした。

「どうして伯母《おば》さんなの？」

敏《びん》くんが話《はなし》をつづけました。

「ほら、伯母《おば》さんって、すごく子《こ》どもが欲《ほ》しかったんだよね？　ぼくが遊《あそ》びに行《い》くと、いつも喜《よろこ》んで、すごくかわいがってくれるしね。だから、一度《いちど》、ぼくの参観日《さんかんび》に、呼《よ》んであげたいんだ」

「なるほどねぇ」

「今度《こんど》の参観日《さんかんび》は、ぼくが伯母《おば》さんの子《こ》どもになって、伯母《おば》さんに見《み》てもらいたいんだよ。伯母《おば》さん、きっと喜《よろこ》んでくれると思《おも》うんだ」

「一日《にち》だけの、伯母《おば》さんの子《こ》どもってわけね」

「うん。それに、お母《かあ》さんは、これからも、いつでも、学校《がっこう》に来《こ》られるでしょう。ぼくのお母《かあ》さんは、お母《かあ》さんひとりしかいないんだしね」

敏《びん》くんが、やさしくて、思《おも》いやりのある子《こ》だということは、お母《かあ》さんが一番《いちばん》よく知《し》っていました。でも敏《びん》くんが、そこまで考《かん》えているとは思《おも》っていませんでした。

伯母《おば》さんは、敏《びん》くんのお父《とう》さんのお姉《ねえ》さんです。夫婦《ふうふ》ふたりで、敏《びん》くんの家《いえ》の近《ちか》くに住《す》み、道路《どうろ》工事《こうじ》や家《いえ》を建《た》てる仕事《しごと》をしていました。子《こ》どものいない伯母《おば》さんと伯父《おじ》さんは、敏《びん》くんのことをわが子《こ》のようにかわいがっていました。

だから敏《びん》くんは、伯母《おば》さんが喜《よろこ》んでくれるようなことを、なにかできないだろうかと、考《かんが》えました。

自分《じぶん》が伯母《おば》さんの立場《たちば》だったら、どうだろう、どんなことがうれしいだろうかと考《かんが》え、思《おも》いついたのが、参観日《さんかんび》に来《き》てもらうことでした。

お母《かあ》さんは、さっそく、参観日《さんかんび》のことを伝《つた》えると、伯母《おば》さんは、電話《でんわ》の向《む》こうで、泣《な》きそうになりながら、とても喜《よろこ》んでくれました。

参観日《さんかんび》の日《ひ》、伯母《おば》さんは、教室《きょうしつ》のうしろに、ほかの子《こ》のお母《かあ》さんといっしょに並《なら》んでいました。

敏《びん》くんがふり返《かえ》って見《み》ると、伯母《おば》さんがうれしそうに、ニコニコしています。そんな伯母《おば》さんの笑顔《えがお》に、敏《びん》くんもうれしくなりました。その日《ひ》だけは、敏《びん》くんは伯母《おば》さんの子《こ》どもでした。

放課後《ほうかご》に、担任《たんにん》の先生《せんせい》が伯母《おば》さんのところへ来《き》て言《い》いました。

「きょうは、敏《びん》くんのお母《かあ》さんは来《こ》られなかったんですね」

伯母《おば》さんが敏《びん》くんの話《はなし》をすると、先生《せんせい》が笑顔《えがお》になって言《い》いました。

「そうですか、敏《びん》くんらしいですね。よく、そんなところまで気《き》がついて……。

ほんとうに、思《おも》いやりのある子《こ》ですよ」

伯母《おば》さんも、自分《じぶん》のことを、ここまで気《き》にかけてくれた敏《びん》くんのことが、かわいくて仕方《しかた》がありませんでした。

「鮭《さけ》たち」

コロ、死《し》んじゃいやだ

四年生《ねんせい》の一学期《がっき》が終《お》わって、敏《びん》くんは思《おも》いきり夏休《なつやす》みを楽《たの》しみました。本《ほん》をたくさん読《よ》み、友《とも》だちと、好《す》きな野球《やきゅう》もやりました。もちろん、毎週《まいしゅう》土曜《どよう》日《び》、午後《ごご》の絵《え》の教室《きょうしつ》は一度《いちど》も休《やす》むことがありませんでした。

家《いえ》では、ぼくやコロと散歩《さんぽ》に出《で》かけたり、野山《のやま》をいっしょに歩《ある》きまわったりしました。ぼくたちがいっしょのときは、ぼくはお母《かあ》さんが、コロは敏《びん》くんがリードを持《も》って歩《ある》きました。

そんなときは、敏《びん》くんは学校《がっこう》であったこと、友《とも》だちのことなど、なんでもお母《かあ》さんに話《はな》します。お母《かあ》さんは、いつも、しっかりと聞《き》いてくれます。

敏《びん》くんは、お母《かあ》さんといっしょに、ぼくとコロを連《つ》れて、林《はやし》のなかを歩《ある》くのが好《す》きでした。

でも、二学期《がっき》がはじまってすぐに、とても心配《しんぱい》なことが起《お》こりました。いつもは、朝早《あさはや》くから夕方《ゆうがた》まで、走《はし》りまわって遊《あそ》んでいるコロが、少《すこ》しずつ、ご飯《はん》を食《た》べなくなっていったのです。

遊《あそ》びたい気持《きも》ちは十分《じゅうぶん》にあるらしく、歩《ある》きまわろうとします。ところが、すぐに疲《つか》れてしまうのか、元《もと》の場所《ばしょ》にもどって、地面《じめん》に伏《ふ》せて、つまらなそうな顔《かお》をします。

それでも、最初《さいしょ》のうちは、顔《かお》のそばを虫《むし》が飛《と》んだりすると、すぐに追《お》いかけようとしましたが、何日《なんにち》かすると、コロは、まわりのことに興味《きょうみ》を示《しめ》さなくなり、じっと目《め》を閉《と》じて、寝《ね》ていることが多《おお》くなりました。

ぼくは、コロのことがとても心配《しんぱい》でした。不安《ふあん》で不安《ふあん》で、しかたがありませんでした。

犬《いぬ》や猫《ねこ》などの動物《どうぶつ》には、人間《にんげん》にはない、特別《とくべつ》な能力《のうりょく》があります。とくに命《いのち》が生《う》まれたり、死《し》を迎《むか》えるときには、とても敏感《びんかん》になって、ずいぶんと前《まえ》から、そのことがわかります。だからぼくも、コロの病気《びょうき》のことがわかったのです。

そして、いつも散歩《さんぽ》をしている敏《びん》くんも、コロがいなくなってしまうかもしれないと感《かん》じていました。ルナおかあさんのときとおなじように見《み》えたからです。敏《びん》くんは、自分《じぶん》の名前《なまえ》どおり、まわりのことにとても敏感《びんかん》な子《こ》です。

コロが病気《びょうき》になったことを感《かん》じとって、心《こころ》を痛《いた》めていました。

お母《かあ》さんも、そんな敏《びん》くんの気持《きも》ちがわかっていました。コロのことも心《しん》配《ぱい》でした。そこで、敏《びん》くんが学校《がっこう》に行《い》っている間《あいだ》に、コロをつれて動物病院《どうぶつびょういん》に出《で》かけました。

獣医《じゅうい》さんは、コロの体《からだ》を診《み》ました。そして深《ふか》いため息《いき》をつきました。

「母犬《ははいぬ》のルナとおなじですね。歳《とし》は若《わか》いですが、寿命《じゅみょう》ですね。かわいそうですが、もう、あまり長《なが》くは生《い》きられません」

お母《かあ》さんは、小《ちい》さくうなずきました。診察室《しんさつしつ》のコロは、ふたりの顔《かお》を不安《ふあん》げに見《み》ています。コロも、自分《じぶん》の病気《びょうき》の状態《じょうたい》をわかっているようでした。

でも、体《からだ》の具合《ぐあい》は悪《わる》いけれど、遊《あそ》びが好《す》きで、人間《にんげん》が大好《だいす》きなコロは、獣《じゅう》医《い》さん、お母《かあ》さんと遊《あそ》びたがっているようにも見《み》えました。

お母《かあ》さんは、コロと家《いえ》に帰《かえ》ってから、敏《びん》くんに、どう話《はな》せばいいか考《かんが》えていました。コロは、敏《びん》くんのいちばんの遊《あそ》び友《とも》だち、仲《なか》のいい兄弟《きょうだい》のような犬《いぬ》です。そのコロが、もうじき死《し》んでしまうと知《し》ったら、敏《びん》くんはどんなに悲《かな》しむか、お母《かあ》さんは悩《なや》みました。

お母《かあ》さんは、正直《しょうじき》に、そのまま話《はな》すことにしました。敏《びん》くんならば、しっかりと受《う》けとめてくれると思《おも》ったからです。

コロのようすが気《き》になって、その日《ひ》も、敏《びん》くんは急《いそ》ぎ足《あし》で学校《がっこう》から帰《かえ》ってきました。門《もん》から入《はい》ってくる敏《びん》くんを、ぼくは、コロのぶんまで尻尾《しっぽ》を思《おも》いきりふりました。

「コロ！　コロ。どう？　体《からだ》の具合《ぐあい》は……」

敏《びん》くんは、急《いそ》いでコロのところへ行《い》ってコロの頭《あたま》をなでました。

「まだ、元気《げんき》がないみたいだね。おいしいものをいっぱい食《た》べて、はやく元《げん》気《き》になるんだよ。そしたら、またいっしょに遊《あそ》ぼうね」

敏《びん》くんはそう言《い》って、家《いえ》にはいりました。

家《いえ》ではお母《かあ》さんが、敏《びん》くんを待《ま》っていました。

「敏《びん》、ちょっと話《はなし》があるの」

「なあに、お母《かあ》さん。コロのこと？」

「そう、コロのこと。きょう、お母《かあ》さん、コロをね、動物病院《どうぶつびょういん》に連《つ》れて行《い》ったの。このごろ、コロちっとも元気《げんき》がないから、病気《びょうき》じゃないかと思《おも》ってね」

「それで、どうだったたの？　だいじょうぶだよね、コロは。薬《くすり》をのめば、すぐに元気《げんき》になるよね」

「敏《びん》……。コロはね、ルナとおなじなんだって」

「えっ？　ルナとおなじ？　じゃあ、もうじき……」

「そうなの。だからね、残《のこ》りの時間《じかん》をうんと、やさしくしてあげようね」

敏《びん》くんは、お母《かあ》さんのことばを最後《さいご》まで聞《き》けませんでした。耳《みみ》をふさぐようにして、家《いえ》から飛《と》び出《だ》すと、犬小屋《いぬごや》のコロのところへ走《はし》りました。毛布《もうふ》の上《うえ》に腹《はら》ばいになっていたコロは、少《すこ》しおどろいた顔《かお》をしました。そして、すぐに、うれしくてたまらない顔《かお》になって敏《びん》くんを見《み》ました。

敏《びん》くんはなにも言《い》えず、そのままコロの体《からだ》を抱《だ》いてあげました。ぼくは、敏《びん》くんの手《て》をなめました。コロは、おだやかな顔《かお》をしています。

それから、三日後《みっかご》の夕方《ゆうがた》のことです。

学校《がっこう》から帰《かえ》ってから、敏《びん》くんは、ずっとコロのそばについていました。

コロの命《いのち》の火《ひ》が、消《き》えようとしていました。

生《う》まれたとき、少《すこ》し小《ちい》さくて心配《しんぱい》だったコロ、いたずら好《ず》きで、迷惑《めいわく》をかけてきたけれど、大好《だいす》きなコロ、そのコロが、もう、頭《あたま》を動《うご》かすことも、尻《しっ》尾《ぽ》をふることもできません。

やがて、敏《びん》くんとお母《かあ》さんに見守《みまも》られながら、コロは、ルナおかあさんとおなじように、静《しず》かに呼吸《こきゅう》をとめました。

「ルナのところへ逝《い》ったんだね。だって、やんちゃ坊主《ぼうず》で、甘《あま》えん坊《ぼう》のコロの顔《かお》にもどっているもの」

お母《かあ》さんが、ぽつんと言《い》いました。コロの顔《かお》は、幸《しあわ》せそうでした。

お母《かあ》さんの言《い》うとおり、ルナおかあさんのところへいって、甘《あま》えているような顔《かお》でした。敏《びん》くんは涙《なみだ》を浮《う》かべ、いつまでもコロの頭《あたま》をなでました。ぼくも悲《かな》しくて、どうしようもありませんでした。

敏《びん》くんとクロの約束《やくそく》

　コロが死《し》んで、一匹《いっぴき》だけ残《のこ》されたぼくは、まえよりも敏《びん》くんに甘《あま》えるようになりました。いなくなったコロの分《ぶん》まで、たくさん遊《あそ》びました。散歩《さんぽ》も、あっちへ行《い》ったり、こっちへ行《い》ったりと、ずいぶん歩《ある》くようになりました。

いちばん変《か》わったのは、散歩《さんぽ》のときに、敏《びん》くんがいろんなことを話《はな》してくれるようになったことです。

　学校《がっこう》のこと、友《とも》だちのこと、虫《むし》や花《はな》のこと、お父《とう》さんやお母《かあ》さんのこと、そして大好《だいす》きな絵《え》のことを話《はな》してくれました。

「クロ。ルナやコロは、いまごろ、どこでなにをしてるのかな。クロにはわかるんじゃないの？　だけど、どうして、みんな死《し》んじゃうんだろう。ほんとうにさびしいよね。クロ。クロは、ずっとぼくといっしょだよ。ぜったいに死《し》んじゃダメだよ。約束《やくそく》だよ」

ぼくは、敏《びん》くんが、死《し》んでしまったルナおかあさんやコロのことを、いつも心《こころ》に思《おも》っているんだなと、とてもうれしい気持《きも》ちがしました。そして、こんなふうに、心《こころ》のなかでこたえました。

「ルナおかあさんやコロが、どこにいるか、ぼくにもわからないよ。でもね、きっと、どこかでいっしょに、楽《たの》しく暮《く》らしているよ。心配《しんぱい》しなくてもいいよ。ぼくには、敏《びん》くんやお母《かあ》さん、お父《とう》さんがいるから、さびしくないしね。それに、ぼくは、簡単《かんたん》には死《し》なないよ。いつまでも敏《びん》くんといっしょにいるからね。約束《やくそく》するよ」

敏《びん》くんとぼくは、そんなことを話《はな》しながら、有珠山《うすざん》の見《み》える道《みち》を散歩《さんぽ》しました。気《き》がつくと、道《みち》は、土《つち》が見《み》えないほど、落葉《おちば》でいっぱいになっていました。すっかり、秋《あき》の色《いろ》に染《そ》まっていたのです。

ガサ、ガサと、枯《か》れ葉《は》を踏《ふ》む敏《びん》くんの大《おお》きな音《おと》に、カサ、カサと、ぼくの小《ちい》さな足音《あしおと》が混《ま》じります。

敏《びん》くんとぼくの背中《せなか》を、夕日《ゆうひ》が照《て》らしています。影《かげ》が長《なが》く伸《の》びるようになって、もうじき、冬《ふゆ》がくることを教《おし》えてくれました。

「はくせいの熊《くま》」

三人《にん》で東京《とうきょう》へ行《い》こう

六年生《ねんせい》になって、敏《びん》くんは、ますます絵《え》の勉強《べんきょう》に熱心《ねっしん》になりました。絵《え》をかくことが、どんどん好《す》きになったということのほかに、夢《ゆめ》があったからです。それは、立派《りっぱ》な絵《え》をかいて、お父《とう》さん、お母《かあ》さんと三人《にん》で、東京《とうきょう》へ行《い》くということでした。絵《え》でいい成績《せいせき》をとると、親子《おやこ》で東京《とうきょう》へ招待《しょうたい》してくれるのです。

そのことを知《し》ったのは、四年生《ねんせい》のときにかいた絵《え》が、ユネスコジュニアアート展《てん》で特賞《とくしょう》を受賞《じゅしょう》したときでした。

先生《せんせい》たちの剣道《けんどう》の試合《しあい》を描《えが》いた絵《え》で、まるで、先生《せんせい》や応援《おうえん》の子《こ》どもたちの声《こえ》が聞《き》こえてくるような作品《さくひん》でした。

このときは、お父《とう》さんが仕事《しごと》で行《い》けず、東京《とうきょう》の授賞式《じゅしょうしき》には、敏《びん》くんとお母《かあ》さんのふたりで行《い》きました。授賞式《じゅしょうしき》のあとには、街《まち》に出《で》ておいしいものを食《た》べたり、買《か》い物《もの》をしたりして、楽《たの》しい時間《じかん》をすごしました。

次《つぎ》のコンクールでも、いい成績《せいせき》をとって、今度《こんど》こそ、三人《にん》で東京《とうきょう》へ行《い》きたいと思《おも》っていたのです。

そのころには、敏《びん》くんの絵《え》に、自然《しぜん》が好《す》きな敏《びん》くんらしさが、とてもよく表現《ひょうげん》されるようになっていました。花《はな》も、虫《むし》も、もちろん人間《にんげん》も、命《いのち》あるもののすべてが、楽《たの》しそうに輝《かがや》いています。ルナおかあさんやコロも、敏《びん》くんの絵《え》のなかでは、元気《げんき》に走《はし》りまわっています。敏《びん》くんの絵《え》のなかでは、ルナおかあさんも、コロも生《い》きているのです。どの絵《え》からも、生《い》きる力《ちから》がわき出《で》て

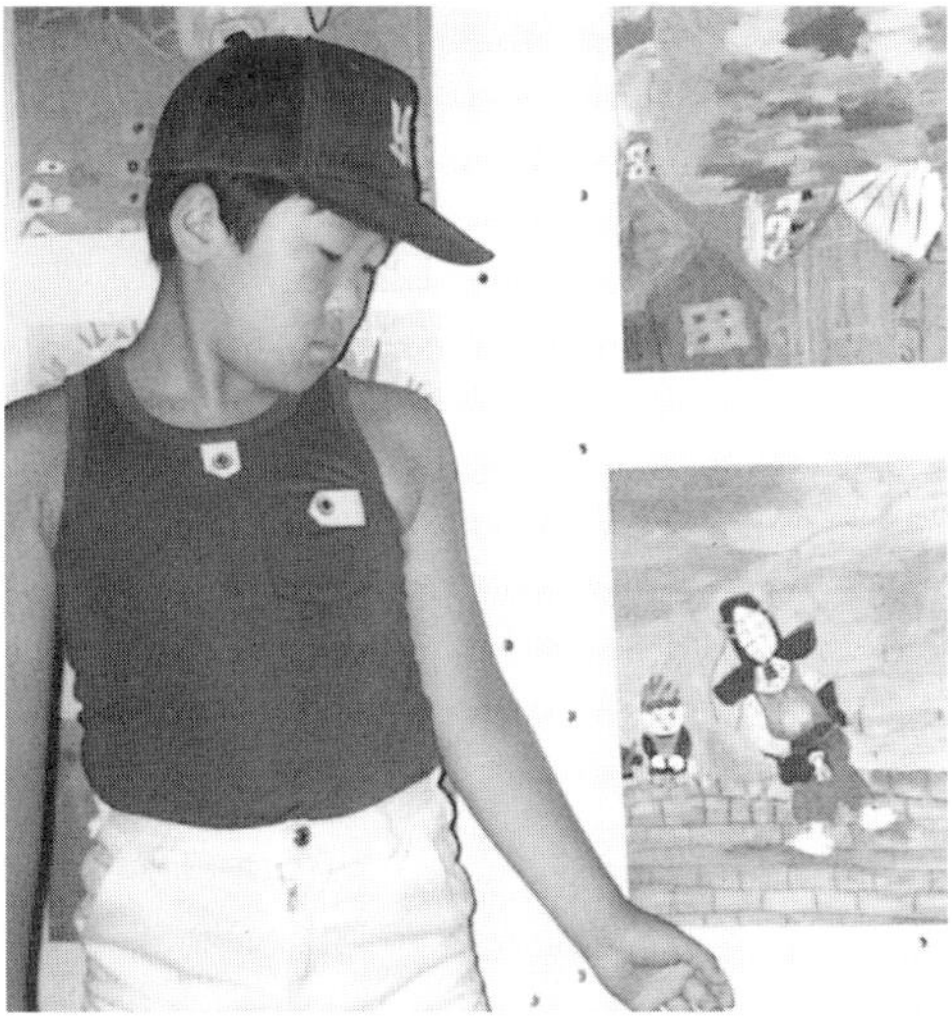

くるようです。
大島先生《おおしませんせい》も、いまでは敏《びん》くんのことを、自分《じぶん》の生徒《せいと》というよりも、絵《え》をかくことが好《す》きな〝仲間《なかま》〟だと思《おも》いはじめていました。大人《おとな》になったら素晴《すば》らしい画家《がか》になるだろうと期待《きたい》していました。
敏《びん》くんは、家族《かぞく》三人《にん》で東京《とうきょう》へ行《い》く夢《ゆめ》を実現《じつげん》するため、夏休《なつやす》みから秋《あき》までかかって、何枚《なんまい》かの絵《え》を仕上《しあ》げました。いちばん自信《じしん》のあったのは、「熊《くま》と犬《いぬ》」という題名《だいめい》の絵《え》でした。

それは、お父《とう》さんから聞《き》いた熊狩《くまが》りの話《はなし》を描《えが》いた一枚《まい》です。

絵《え》には、二匹《ひき》の小熊《こぐま》を守《まも》る母熊《ははぐま》と、熊《くま》を追《お》いつめているルナおかあさんとコロらしき二匹《ひき》の犬《いぬ》、そして猟銃《りょうじゅう》を持《も》った人《ひと》がふたり描《えが》かれています。

まだ雪《ゆき》が薄《うす》く残《のこ》った山奥《やまおく》で、熊《くま》と二匹《ひき》の犬《いぬ》がにらみあっているようすが、生《い》き生《い》きと表現《ひょうげん》されていました。

大島先生《おおしませんせい》も、その絵《え》をとてもほめてくれ、敏《びん》くんは自信《じしん》たっぷりで、ユネスコのコンクールに出品《しゅっぴん》することにしました。「熊《くま》と犬《いぬ》」の絵《え》を入《い》れて、全部《ぜんぶ》で五点《てん》の作品《さくひん》を用意《ようい》しました。

大島先生《おおしませんせい》は「熊《くま》と犬《いぬ》」の絵《え》を見《み》て、それがいちばん敏《びん》くんの描《えが》いた絵《え》らしいと思《おも》いました。熊《くま》を狙《ねら》っている人《ひと》の銃《じゅう》の先《さき》が、熊《くま》から少《すこ》し外《はず》れた方向《ほうこう》を向《む》いています。猟銃《りょうじゅう》を撃《う》っても、弾《たま》が熊《くま》に当《あ》たらないように、母熊《ははぐま》が死《し》なない

「熊《くま》と犬《いぬ》」

ように描《えが》いてありました。

二匹《ひき》の小熊《こぐま》も、母熊《ははぐま》に守《まも》られながらも、お母《かあ》さん熊《ぐま》をいじめたら、ぜったいに許《ゆる》さないぞと言《い》っているように、小《ちい》さな体《からだ》を思《おも》い切《き》り大《おお》きく見《み》せて、犬《いぬ》をおどろかそうとしています。

敏《びん》くんの絵《え》では、虫《むし》も草《くさ》も、動物《どうぶつ》も死《し》ぬことはありません。みんなが元気《げんき》に生《い》きています。熊《くま》にも、死《し》んでほしくはないのです。


その日《ひ》、敏《びん》くんは、いっしょにご飯《はん》を食《た》べていたお父《とう》さんとお母《かあ》さんに、うれしそうに言《い》いました。

「お母《かあ》さん、今度《こんど》の絵《え》は、きっと、いい成績《せいせき》をとれると思《おも》うんだ。だから、お父《とう》さんもいっしょに東京《とうきょう》へ行《い》こうね。ぜったいに連《つ》れて行《い》ってあげられると思《おも》うんだ。お父《とう》さんは、東京《とうきょう》に行《い》ったことないから、おもしろいと思《おも》うよ」

無口《むくち》なお父《とう》さんが、少《すこ》し照《て》れた顔《かお》で言《い》いました。

「そうだね、このまえは行《い》けなかったからな。お父《とう》さんも、みんなで東京《とうきょう》へ行《い》きたいね。敏《びん》が連《つ》れて行《い》ってくれるんなら、そんなにうれしいことはないよ」

「そうね、行《い》けたらいいわね」

お母《かあ》さんも、敏《びん》くんの真剣《しんけん》な顔《かお》を見《み》て、ほんとうに敏《びん》くんの夢《ゆめ》がかなうかもしれないと思《おも》いました。

「あと、お願《ねが》いがあるんだけど」

敏《びん》くんが言《い》いにくそうな顔《かお》をしています。

「どんなこと?」

お母《かあ》さんに言《い》われて、敏《びん》くんは少《すこ》し下《した》を向《む》いてこたえました。

「大島先生《おおしませんせい》とも相談《そうだん》したんだけど、できればね、次《つぎ》から、水彩画《すいさいが》じゃなくて、油絵《あぶらえ》を本格的《ほんかくてき》にやりたいんだ。無理《むり》ならいいんだけど」

水彩画《すいさいが》に比《くら》べて、油絵《あぶらえ》をかくには、ずいぶんとお金《かね》がかかります。敏《びん》くんは、両親《りょうしん》にお金《かね》を使《つか》わせるのは申《もう》しわけないと思《おも》っていたのです。水彩画《すいさいが》でも、絵《え》の具《ぐ》を大事《だいじ》に、無駄《むだ》にしないで使《つか》うほどなのです。

「そんな心配《しんぱい》はしなくていいよ、だいじょうぶだから。油絵《あぶらえ》をかきなさい。ね、お父《とう》さん」

お母《かあ》さんが笑《わら》いながら言《い》ってくれました。お父《とう》さんも言《い》いました。

「敏《びん》、心配《しんぱい》しなくていいよ。思《おも》いきりやりなさい」

「ほんとうにいいの、ありがとう。中学生《ちゅうがくせい》になったら、油絵《あぶらえ》をかくよ。十号《じゅうごう》のカンバスに、思《おも》いきりかくよ。それにね、まえから、お父《とう》さんが植木《うえき》の仕《し》事《ごと》をしているところを、かきたいと思《おも》っていたんだよ。それも、油絵《あぶらえ》でかくよ」

敏《びん》くんは、笑顔《えがお》いっぱいで答《こた》えました。お父《とう》さんの目《め》には、涙《なみだ》が少《すこ》し浮《う》かんで見《み》えました。やさしくて、少《すこ》し涙《なみだ》もろいところのあるお父《とう》さんは、うれしくて、涙《なみだ》がこぼれおちそうになっていたのです。

お父《とう》さんとお母《かあ》さんは、心《こころ》のなかで、おなじことを思《おも》っていました。

（敏《びん》、絵《え》の成績《せいせき》がよければ、それはうれしいよ。でもね、結果《けっか》はどうでもいいんだよ。いっしょうけんめいにがんばったんだからね。それに、敏《びん》の、そんな気《き》持《も》ちが、お父《とう》さんもお母《かあ》さんも、いちばんうれしいんだから。敏《びん》、ありがとう）

犬小屋《いぬごや》で、ぼくは、チカチカ光《ひか》る星空《ほしぞら》を見《み》ていました。家《いえ》のなかから、三人《にん》の楽《たの》しそうな話《はな》し声《ごえ》が聞《き》こえてきます。話《はなし》の内容《ないよう》はわからなくても、やさしさは、はっきりと伝《つた》わってきます。一匹《いっぴき》になってしまったぼくだけれど、いつも、みんなの声《こえ》を聞《き》きながら眠《ねむ》ることができます。だから、少《すこ》しもさびしくはありません。

ふと見《み》あげると、流《なが》れ星《ぼし》が、ひとつ、落《お》ちてきました。

有珠山《うすざん》をたくさんかくよ

新《あたら》しい年《とし》を迎《むか》え、敏《びん》くんは、四月《がつ》からの中学校生活《ちゅうがっこうせいかつ》が、とても楽《たの》しみでした。

勉強《べんきょう》もスポーツも、小学校《しょうがっこう》よりも、やりがいがあるに違《ちが》いありません。そして、なによりも待《ま》ち遠《どお》しかったのは、油絵《あぶらえ》をかくことでした。

大島先生《おおしませんせい》も、冬休《ふゆやす》みから、油絵《あぶらえ》の基礎《きそ》を、敏《びん》くんに指導《しどう》しはじめました。

油絵《あぶらえ》は、絵《え》の具《ぐ》を塗《ぬ》るまえに、しっかりと下絵《したえ》を描《えが》くのが普通《ふつう》です。

敏《びん》くんは、自分《じぶん》の部屋《へや》からもよく見《み》える、大好《だいす》きな有珠山《うすざん》を、最初《さいしょ》の油絵《あぶらえ》にかくことにしました。冬休《ふゆやす》みだったので、敏《びん》くんは一日中《いちにちじゅう》、雪《ゆき》に包《つつ》まれた有珠山《うすざん》を見《み》つづけました。

一日《にち》のうちでも、有珠山《うすざん》はどんどん違《ちが》う顔《かお》に見《み》えます。

朝《あさ》の有珠山《うすざん》は、起《お》きて顔《かお》を洗《あら》ったばかりのようで、とてもさわやかに見《み》えます。冷《つめ》たい透明《とうめい》な空気《くうき》のなかで、ピリッとひきしまった姿《すがた》です。

昼《ひる》の有珠山《うすざん》は、どこかのんびりして、落《お》ち着《つ》いた姿《すがた》をしています。まるで、お昼《ひる》ご飯《はん》を食《た》べ終《お》わって、満足《まんぞく》して、のんびりしているかのようです。

夕陽《ゆうひ》を浴《あ》びるころの有珠山《うすざん》は、別《わか》れるのが名残惜《なごりお》しいのか、もう少《すこ》し見《み》ていてよと言《い》っているような、ちょっぴりさびしそうな顔《かお》になります。

夜《よる》の有珠山《うすざん》は、真《ま》っ暗《くら》ななかに、雪《ゆき》で形《かた》どられた姿《すがた》を、ぼんやりと、静《しず》かに浮《う》かばせます。安心《あんしん》しきって眠《ねむ》っているようにも見《み》えます。

敏《びん》くんは、短《みじか》い時間《じかん》のなかで変《か》わっていく有珠山《うすざん》も大好《だいす》きでした。太陽《たいよう》の当《あ》たる角度《かくど》や、光《ひかり》の強《つよ》さが変《か》わって、有珠山《うすざん》の表情《ひょうじょう》が、どんどん変《か》わっていきます。敏《びん》くんは、そんな変化《へんか》が、とてもおもしろく思《おも》えました。

敏《びん》くんは、そんななかから、自分《じぶん》がいちばん気《き》に入《い》った、午後《ごご》の、ゆったりした有珠山《うすざん》を描《えが》くことにしました。とても心《こころ》が落《お》ち着《つ》く姿《すがた》だったからです。

そして、敏《びん》くんが有珠山《うすざん》の下絵《したえ》をかきはじめたころから、ぼくも、有珠山《うすざん》のほうを、よく見《み》るようになりました。

ただ、見《み》るといっても、犬《いぬ》の目《め》はあまりよくありません。だから、ぼくの目《め》に、敏《びん》くんとおなじような、くっきりとした形《かたち》の有珠山《うすざん》は見《み》えません。でも、ぼくには、その山《やま》が敏《びん》くんにとって大切《たいせつ》なものだということがわかりました。ぼくは、敏《びん》くんのいろいろな思《おも》いが、絵《え》のなかに込《こ》められているような気《き》がしました。

敏《びん》くんは、散歩《さんぽ》の途中《とちゅう》で、いつも、有珠山《うすざん》がよく見《み》えるおなじ場所《ばしょ》にとまって、ぼくに言《い》いました。

「クロ、あの山《やま》を見《み》てごらん。いつもおなじように見《み》えるけど、ほら、どんどん変《か》わっていくんだ。おもしろいだろう、すごいだろう。ぼくね、今度《こんど》、この山《やま》をかくことにしたんだよ。初《はじ》めての油絵《あぶらえ》なんだ。それに、冬《ふゆ》の有珠山《うすざん》をしっかりかいたら、その次《つぎ》は春《はる》の有珠山《うすざん》をかくんだ。春《はる》の有珠山《うすざん》もいいよ。それにね、夏《なつ》も、秋《あき》も、ぜんぶかきたいんだ」

敏《びん》くんの目《め》が輝《かがや》いています。敏《びん》くんの話《はなし》を聞《き》きながら、ぼくは、心《こころ》がウキウキしてきました。

ある朝《あさ》の出来事《できごと》

冬休《ふゆやす》みが終《お》わって、六年生《ねんせい》の敏《びん》くんには、小学校《しょうがっこう》最後《さいご》の学期《がっき》が始《はじ》まりました。その日《ひ》も、朝《あさ》、元気《げんき》に学校《がっこう》へ向《む》かいました。

身長《しんちょう》が一六〇センチ、体重《たいじゅう》五四キロの大《おお》きな体《からだ》に、ランドセルが小《ちい》さく見《み》えます。それも、あと三か月《げつ》のがまんです。お母《かあ》さんは、そんな敏《びん》くんのうしろ姿《すがた》を、笑顔《えがお》で見送《みおく》りました。

お母《かあ》さんが家《いえ》のなかにもどって、しばらくしたあと、いつものように掃除《そうじ》をはじめたときです。遠《とお》くから、救急車《きゅうきゅうしゃ》の音《おと》が聞《き》こえてきました。お母《かあ》さんは、急《きゅう》に不安《ふあん》になって、とても嫌《いや》な気分《きぶん》になりました。

というのは、家《いえ》の近《ちか》くの通学路《つうがくろ》は歩道《ほどう》がなく、子《こ》どもたちが、車道《しゃどう》を通《とお》らなければいけない場所《ばしょ》があったからです。

お母《かあ》さんは、ほかの子《こ》のお母《かあ》さんたちといっしょになって、子《こ》どもたちが安全《あんぜん》に学校《がっこう》へ行《い》けるように、早《はや》く歩道《ほどう》をつくってもらうように、ずいぶんとまえから、お願《ねが》いをしてきました。

ちょうど、子《こ》どもたちが通学《つうがく》する時間《じかん》。遠《とお》くから救急車《きゅうきゅうしゃ》の音《おと》……。危険《きけん》な道路《どうろ》のことが頭《あたま》に浮《う》かんだのです。

子《こ》どもたちが、事故《じこ》にでもあっていなければいいけれど……。

お母《かあ》さんは不安《ふあん》な気持《きも》ちのまま、掃除《そうじ》をつづけました。そして、ふっと、敏《びん》くんのことが気《き》になりました。

敏《びん》くんは、いつも弱《よわ》い子《こ》の味方《みかた》です。なにかあると、かならず、自分《じぶん》が先《せん》頭《とう》に立《た》って守《まも》る子《こ》です。お母《かあ》さんには、敏《びん》くんは、そんな運命《うんめい》をもって生《う》まれてきた子《こ》のように感《かん》じていました。

敏《びん》くんは、ほかの子《こ》の不幸《ふこう》まで、背負《せお》ってしまう子《こ》かもしれない、だから、もし事故《じこ》があったとしたら、それは敏《びん》くんかもしれない、そう思《おも》ったのです。

ぼくも、おなじように感《かん》じていました。救急車《きゅうきゅうしゃ》の音《おと》を聞《き》いて、体《からだ》の奥底《おくそこ》から、冷《つめ》たい冷《つめ》たい不安《ふあん》がわき起《お》こりました。

ここを、いますぐにでも飛《と》び出《だ》して、あの救急車《きゅうきゅうしゃ》の音《おと》を追《お》いかけたくなりました。

＊　＊　＊

それから間《ま》もなく、家《いえ》の電話《でんわ》が鳴《な》りました。

お母《かあ》さんは、ドキドキする胸《むね》をおさえながら、受話器《じゅわき》をとりました。

電話《でんわ》の向《む》こうの人《ひと》はおまわりさんで、お母《かあ》さんにこう言《い》いました。

「沢口《さわぐち》さんですか？　落《お》ち着《つ》いて聞《き》いてください。お宅《たく》の息子《むすこ》さんが、さきほど、交通事故《こうつうじこ》にあいました」

お母《かあ》さんは、頭《あたま》のなかが真《ま》っ白《しろ》になりました。そして、大《おお》きな声《こえ》で言《い》いました。

「敏《びん》は……敏《びん》は無事《ぶじ》なのですか！　どんな状況《じょうきょう》なのですか！」

お母《かあ》さんの大《おお》きな声《こえ》が、ぼくの耳《みみ》に聞《き》こえました。ぼくは、いつもとまったくちがうお母《かあ》さんのようすから、敏《びん》くんに大変《たいへん》なことが起《お》きたのだとわかりました。

しばらくお母《かあ》さんは電話《でんわ》で話《はな》したあと、お父《とう》さんといっしょに、あわてて、家《いえ》を出《で》ていきました。

ほんとうは、ぼくもいっしょに行《い》きたかったけど、行《い》ってはいけないような気《き》がしました。

お母《かあ》さんとお父《とう》さんは、病院《びょういん》へ行《い》ったのです。

ふたりが病院《びょういん》の玄関《げんかん》を急《いそ》ぎ足《あし》で通《とお》りすぎ、受付《うけつけ》で聞《き》いた敏《びん》くんのいる部屋《へや》へつくと、白《しろ》いベッドの上《うえ》に敏《びん》くんが寝《ね》かされていました。先生《せんせい》と看護師《かんごし》さんが、敏《びん》くんを囲《かこ》んでいます。

お母《かあ》さんは、ベッドに近《ちか》づいて、声《こえ》をかけました。

「敏《びん》、だいじょうぶ？　敏《びん》、しっかりしなさい」

でも、敏《びん》くんはなにも答《こた》えてはくれません。やさしい顔《かお》で、眠《ねむ》っているようです。

お母《かあ》さんの目《め》から、涙《なみだ》がこぼれました。

お父《とう》さんも、

「敏《びん》、どうしてこんなことに……」

それだけ言《い》うのがやっとでした。

あまりに大《おお》きな悲《かな》しみに、お父《とう》さんとお母《かあ》さんは、それ以上《いじょう》、ことばが出《で》ませんでした。ふたりはその場《ば》で、いつまでも涙《なみだ》を流《なが》しつづけました。

敏《びん》くんの意識《いしき》がもどることはありませんでした。

敏《びん》くんは、お母《かあ》さんにも、お父《とう》さんにも、そしてぼくにも、「さようなら」も言《い》わずに、死《し》んでしまいました。

「クロは、ずっとぼくといっしょだよ。ぜったいに死《し》んじゃダメだよ。約束だよ」

そう言《い》ったのは敏《びん》くんだったのに、どうして死《し》んでしまったのだろう……。

ぼくは悲《かな》しくて、いつまでも泣《な》きつづけました。

＊　＊　＊

敏《びん》くんが亡《な》くなって間《ま》もなく、敏《びん》くんの家《いえ》と大島先生《おおしませんせい》のところへ、ユネスコジュニア世界児童画展《せかいじどうがてん》からの手紙《てがみ》が届《とど》きました。

手紙《てがみ》には、五点出《てんだ》した敏《びん》くんの絵《え》のうち三点《てん》が、個人最優秀賞《こじんさいゆうしゅうしょう》、特選《とくせん》、入選《にゅうせん》に選《えら》ばれたということが書《か》いてありました。とくに個人最優秀賞《こじんさいゆうしゅうしょう》は、賞《しょう》のなかでも、いちばん価値《かち》のあるものです。

「あと一週間《しゅうかん》、手紙《てがみ》が早《はや》ければ、敏《びん》は入賞《にゅうしょう》を知《し》ることができたのに……、ほんとうにかわいそうに。敏《びん》が言《い》っていたとおり、親子《おやこ》三人《にん》で東京《とうきょう》へ行《い》くこともできたのに……」

お父《とう》さんは、手紙《てがみ》を手《て》にして大粒《おおつぶ》の涙《なみだ》を流《なが》しました。手《て》がぶるぶるとふるえています。

「教《おし》えてあげたかったわね。どんなに喜《よろこ》んだか……。あんなに三人《にん》で東京《とうきょう》へ行《い》くのを楽《たの》しみにしていたのに……。だけど、だれにもやさしくて、親孝行《おやこうこう》な子《こ》だったけど、最後《さいご》に、親《おや》より先《さき》に死《し》んで、いちばんの親不孝者《おやふこうもの》になっちゃったね。親不孝《おやふこう》でもよかったから、生《い》きていてほしかった」

お母《かあ》さんも、そこまで言《い》って涙《なみだ》を流《なが》しました。お父《とう》さんが涙《なみだ》をふきながら、天国《てんごく》の敏《びん》くんに聞《き》かせるかのように、しっかりした声《こえ》で言《い》いました。

「敏《びん》、三人《にん》で授賞式《じゅしょうしき》に出席《しゅっせき》しよう。東京《とうきょう》へ行《い》こう」

授賞式《じゅしょうしき》の日《ひ》、お父《とう》さんとお母《かあ》さんは、東京《とうきょう》へ向《む》かいました。表彰式《ひょうしょうしき》に、敏《びん》くんの願《ねが》いどおりに出席《しゅっせき》しました。

会場《かいじょう》では、お父《とう》さんとお母《かあ》さんが並《なら》び、お母《かあ》さんの胸《むね》では、写真《しゃしん》の敏《びん》くんが笑顔《えがお》を見《み》せています。

「沢口《さわぐち》 敏《びん》くん」

名前《なまえ》を呼《よ》ばれ、お母《かあ》さんが敏《びん》くんに代《か》わって賞状《しょうじょう》を受《う》けとるためにまえへ出《で》ました。審査《しんさ》をした先生《せんせい》が、特別《とくべつ》に、敏《びん》くんが交通事故《こうつうじこ》で亡《な》くなったことと、惜《お》しい才能《さいのう》を失《うしな》って残念《ざんねん》だという感想《かんそう》を話《はな》しました。

お母《かあ》さんは、写真《しゃしん》の敏《びん》くんに心《こころ》で話《はな》しながら、賞状《しょうじょう》を受《う》けとりました。

「敏《びん》、おめでとう。よくがんばったね。お母《かあ》さんも、お父《とう》さんも、ほんとうにうれしいよ」

会場《かいじょう》から、大《おお》きな拍手《はくしゅ》がわき起《お》こりました。写真《しゃしん》の敏《びん》くんも、どこか誇《ほこ》らしげに見《み》えました。

「キツネを追《お》う犬《いぬ》」

帰《かえ》ってこない敏《びん》くん

敏《びん》くんがいなくなって、四か月《げつ》がたちました。敏《びん》くんの小学校《しょうがっこう》時代《じだい》の同級《どうきゅう》生《せい》は、中学生《ちゅうがくせい》になりました。

家《いえ》から、ときどき、学生服《がくせいふく》を着《き》た生徒《せいと》が通《とお》るのが見《み》えます。そのたびに、まだ、お母《かあ》さんの胸《むね》が、ちくりと痛《いた》みます。

お父《とう》さんは、敏《びん》くんの話《はなし》はまったくしなくなりました。絵《え》も片《かた》づけて、目《め》に触《ふ》れないようにしました。絵《え》を見《み》ると敏《びん》くんのことを思《おも》い出《だ》すので、つらくて耐《た》えられなかったからです。

お母《かあ》さんもお父《とう》さんも、いつも明《あか》るい敏《びん》くんの声《こえ》が響《ひび》いていた家《いえ》、笑《わら》い声《ごえ》のある、楽《たの》しい家庭《かてい》がなくなって、毎日《まいにち》がさびしさでいっぱいでした。

でも、その間《あいだ》にも、何人《なんにん》もの人《ひと》たちが、敏《びん》くんの家《いえ》へやって来《き》て、敏《びん》くんへの感謝《かんしゃ》の言葉《ことば》を伝《つた》えてくれました。

自分《じぶん》の子《こ》が敏《びん》くんに助《たす》けてもらったことや、やさしい子《こ》だったということを話《はな》して、はげましてくれたのです。

つらい毎日《まいにち》を送《おく》っていたお父《とう》さんとお母《かあ》さんにとって、それはなによりもうれしいことでした。

ぼくは、敏《びん》くんが亡《な》くなったあとも、そのことが信《しん》じられず、毎日《まいにち》、敏《びん》くんが学校《がっこう》から帰《かえ》ってくるのを待《ま》っていました。夕方近《ゆうがたちか》くになると、耳《みみ》をすませて、敏《びん》くんの足音《あしおと》を聞《き》こうとしました。敏《びん》くんの匂《にお》いが近《ちか》づいてこないかどうか、鼻《はな》でもたしかめました。だって、「さようなら」も言《い》わずに、いなくなったのだから、もしかしたら、ひょっこり帰《かえ》ってくるかもしれない、と思《おも》ったのです。

近所《きんじょ》の子《こ》どもたちが帰《かえ》ってくるときには、かならず、敏《びん》くんがいっしょにいるかもしれないと、鼻《はな》を高《たか》く上《あ》げて、クン、クンと匂《にお》いを確認《かくにん》しました。

そんなぼくを見《み》て、お母《かあ》さんは何度《なんど》も話《はな》しかけました。

「クロ、いくら待《ま》っていても、敏《びん》は、もう帰《かえ》ってこないのよ」

ぼくは、そのたびに、小《ちい》さく鼻《はな》を鳴《な》らしてうつむきました。そして、とても悲《かな》しくなりました。

周囲《しゅうい》が暗《くら》くなって、お母《かあ》さんが晩《ばん》ご飯《はん》を持《も》ってきてくれるまで、一日中《いちにちじゅう》、ぼくは、小学校《しょうがっこう》のほうを見《み》て敏《びん》くんを待《ま》ちつづけました。

（きょうも、敏《びん》くんは、帰《かえ》ってこなかった。どこへ行《い》っちゃったのかなあ。

死《し》ぬっていうことは、もう二度《にど》と会《あ》えないっていうことかなぁ。でも、こうやって、目《め》をつぶると、敏《びん》くんに会《あ》えるんだ）

ぼくは、毛布《もうふ》の上《うえ》で丸《まる》くなって、いつも、敏《びん》くんのことを思《おも》いながら、眠《ねむ》りました。

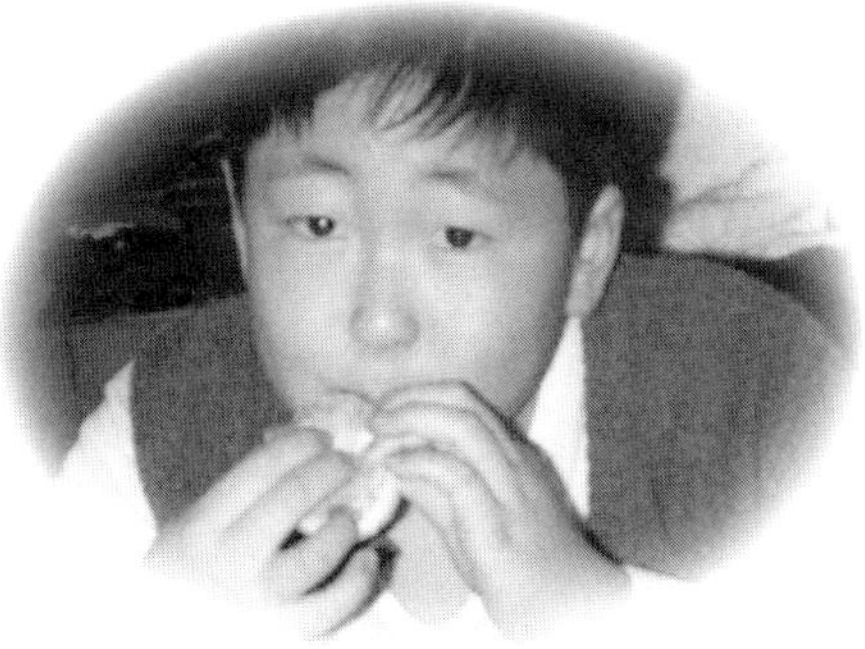

みんなに絵《え》を見《み》てもらいたい

季節《きせつ》が変《か》わり、夏《なつ》がやってきました。北海道《ほっかいどう》の夏《なつ》は短《みじか》いこともあって、時間《じかん》を惜《お》しむかのような子《こ》どもたちの声《こえ》が、朝《あさ》から夕方《ゆうがた》まで、一日中《いちにちじゅう》聞《き》こえてきます。

お母《かあ》さんの悲《かな》しみも、元気《げんき》な子《こ》どもたちの声《こえ》が吹《ふ》き飛《と》ばしてくれるような気《き》がしました。庭《にわ》には、敏《びん》くんの大好《だいす》きだったヒマワリの大《おお》きな花《はな》が、胸《むね》を張《は》って、背筋《せすじ》をピンと伸《の》ばして咲《さ》いています。まわりを、虫《むし》たちが飛《と》びまわっています。

そんな風景《ふうけい》を毎日見《まいにちみ》ているうちに、お母《かあ》さんは、いつまでも悲《かな》しんでいては敏《びん》くんに申《もう》しわけないと思《おも》うようになりました。

夏《なつ》をすぎるころから、お母《かあ》さんは、母親《ははおや》として、亡《な》くなった敏《びん》くんのために、なにができるかを考《かんが》えはじめたのです。そして、強《つよ》く生《い》きていくことを決心《けっしん》しました。そんなとき、テレビ局《きょく》から、敏《びん》くんの絵《え》の遺作展《いさくてん》を開《ひら》く話《はなし》がありました。

お母《かあ》さんは、お父《とう》さんに、遺作展《いさくてん》を開《ひら》くことを相談《そうだん》しました。ひとりでも多《おお》くの人《ひと》に絵《え》を見《み》てもらって、敏《びん》くんが、しっかりと生《い》きてきたことを知《し》ってもらいたいと思《おも》ったのです。

でも、お父《とう》さんは、簡単《かんたん》には賛成《さんせい》してくれませんでした。お父《とう》さんは、まだ、敏《びん》くんの亡《な》くなった悲《かな》しみの真《ま》ん中《なか》にいたのです。絵《え》を見《み》ることは、敏《びん》くんの姿《すがた》をそのまま思《おも》い出《だ》すことです。それが、お父《とう》さんにはつらくて、どうしてもできませんでした。

お母《かあ》さんは、お父《とう》さんを説得《せっとく》しつづけました。

「敏《びん》のことを考《かんが》えると、悲《かな》しいし、つらいのは私《わたし》もおなじよ。でもね、私《わたし》たちまでが、敏《びん》のことを思《おも》うのをやめてしまったら、忘《わす》れようとしたら、敏《びん》が、この世《よ》に生《い》きていたことが消《き》えてしまうでしょう。それじゃ、敏《びん》が、あまりにもかわいそうだと思《おも》うの。できれば、がんばって夢《ゆめ》をいっしょうけんめいに追《お》いかけた敏《びん》のことを、いっしょうけんめいに生《い》きた敏《びん》のことを、絵《え》を見《み》てもらって、知《し》ってほしいと思《おも》うの」

じっと何日《なんにち》か考《かんが》えていたお父《とう》さんは、やっと敏《びん》くんの絵《え》を出《だ》すことを許《ゆる》してくれました。同時《どうじ》に、遺作展《いさくてん》を開《ひら》くことにも、賛成《さんせい》してくれたのです。

遺作展《いさくてん》は、洞爺湖《とうやこ》温泉《おんせん》の街《まち》にある、火山《かざん》科学館《かがくかん》で開《ひら》くことにしました。火《か》山《ざん》科学館《かがくかん》は、有珠山《うすざん》の噴火《ふんか》の後《あと》につくられた建物《たてもの》で、なかで有珠山噴火《うすざんふんか》の資《し》料《りょう》などを見《み》ることができます。

展示場《てんじじょう》もあって、そこで敏《びん》くんの絵《え》の遺作展《いさくてん》をすることにしました。有珠《うす》山《ざん》が好《す》きだった敏《びん》くんの絵《え》を見《み》てもらうには、いちばんいい場所《ばしょ》でした。

お母《かあ》さんは、亡《な》くなった敏《びん》くんにはげまされているかのようにしてがんばり、大島先生《おおしませんせい》の協力《きょうりょく》もあって、遺作展《いさくてん》を開《ひら》くことができました。

最初《さいしょ》の日《ひ》には、大島先生《おおしませんせい》もかけつけて、絵《え》を見《み》に来《き》てくれた人《ひと》たちにあいさつをしてまわりました。もちろん、お父《とう》さん、お母《かあ》さんもいっしょです。

絵《え》の勉強《べんきょう》をしはじめた、小学校《しょうがっこう》三年生《ねんせい》のときから、亡《な》くなるまでに敏《びん》くんが描《えが》いた絵《え》のなかから、五〇点《てん》が展示《てんじ》されました。どの絵《え》からも、自然《しぜん》が大《だい》好《す》きで、だれにでもやさしかった敏《びん》くんのことが伝《つた》わってきました。

敏《びん》くんのことを知《し》っている人《ひと》はもちろん、知《し》らない人《ひと》も、たくさん、遺作《いさく》展《てん》に来《き》てくれました。そして、明《あか》るく、伸《の》び伸《の》びとした敏《びん》くんの絵《え》から、だれもが元気《げんき》をもらって帰《かえ》ったのです。

敏《びん》くんの人生《じんせい》は、わずか一二年《ねん》でした。でも、人々《ひとびと》の心《こころ》に大《おお》きなものを残《のこ》したのです。

クロ、ありがとう

それから、何年《なんねん》もすぎました。

敏《びん》くんとおなじ年齢《ねんれい》だった子《こ》どもたちは、たくさん歳《とし》を積《つ》み重《かさ》ねて大人《おとな》になり、小学生《しょうがくせい》の子《こ》どもがいる人《ひと》もいました。

ぼくも、歳《とし》をとりました。もう、老犬《ろうけん》です。人間《にんげん》の年齢《ねんれい》でいうと、百歳《ひゃくさい》をこえています。

きょうも、犬小屋《いぬごや》のまえで、遠《とお》くの有珠山《うすざん》を見《み》ています。家《いえ》のまえを、ランドセルを背負《せお》った小学生《しょうがくせい》が、元気《げんき》に歩《ある》いています。

そんな姿《すがた》を見《み》ていると、ふっと「敏《びん》くんが生《い》きていたら、いまごろは、あんな小学生《しょうがくせい》の子《こ》どもがいたかもしれないな」と、思《おも》うことがありました。

でも、敏《びん》くんはずっと昔《むかし》に亡《な》くなりました。そしてぼくにも、ルナおかあさんやコロとおなじように、「寿命《じゅみょう》」がやってきていたのです。

それでも、ふしぎなことに、ぜんぜん怖《こわ》くないのです。これまでの、お父《とう》さんやお母《かあ》さん、敏《びん》くん、ルナおかあさん、そしてコロとすごした日々《ひび》を思《おも》い出《だ》すと、とてもうれしくなります。それに、別《べつ》の世界《せかい》へ行《い》っても、また、みんなに会《あ》えると思《おも》うと、心《こころ》が落《お》ち着《つ》いてくるのです。

山《やま》の紅葉《こうよう》が少《すこ》しずつ減《へ》って、気《き》がつくと、墨《すみ》で描《えが》いた絵《え》のようになっていました。それに合《あ》わせるかのように、ぼくの体力《たいりょく》も弱《よわ》っていきました。お母《かあ》さんも、お父《とう》さんも、ぼくの命《いのち》が、もうそんなに長《なが》くはないと感《かん》じていました。

獣医《じゅうい》さんの話《はなし》では、ぼくは病気《びょうき》ではありませんでした。おじいちゃんになって、体力《たいりょく》が自然《しぜん》に落《お》ちてきていたのです。だから、病気《びょうき》のときのような痛《いた》みも、苦《くる》しみもありません。けれど、あと二、三日《にち》の命《いのち》ということでした。

獣医《じゅうい》の先生《せんせい》が教《おし》えてくれたとおり、三日目《みっかめ》の夕方《ゆうがた》に、ぼくは毛布《もうふ》に横《よこ》たわったまま、体《からだ》を起《お》こすことができなくなりました。

ぼくは、ゆっくり息《いき》を吸《す》い、ゆっくり息《いき》を吐《は》きました。心《こころ》も体《からだ》も、フワフワして、空《そら》に浮《う》いている感《かん》じでした。そのとき、敏《びん》くんと遊《あそ》んだころのことを思《おも》い出《だ》しました。すると、ほんとうに敏《びん》くんが見《み》えてきたのです。ルナおかあさんも、コロもいました。

ワンッ

ワンッ

ぼくは、お母《かあ》さんにさよならをして、みんなのところへ行《い》こうと思《おも》いました。でも、遠《とお》くから、

「クロ、なにがしたいの？　どこかへ行《い》きたいのね」

お母《かあ》さんの声《こえ》が聞《き》こえました。

ぼくは、また深《ふか》くゆっくりと息《いき》を吸《す》いこみました。

「クロ、言《い》いたいことはわかったよ。かならず、きちんとしてあげるからね。いままでほんとうにありがとう。敏《びん》のいなくなったさびしさも、クロのおかげで、ずいぶんとなぐさめてもらったよね。みんなのところへ逝《い》って、いっしょに楽《たの》しく暮《く》らしなさい」

ぼくは、お母《かあ》さんのことばを聞《き》いて、心《こころ》が軽《かる》くなりました。そして、心《こころ》のなかで、（お母《かあ》さん、お父《とう》さん、いままでありがとう。さようなら）と、言《い》

いました。

やがて、ぼくの心臓《しんぞう》の音《おと》も弱《よわ》く小《ちい》さくなって、最後《さいご》に動《うご》きをとめました。

＊　＊　＊

次《つぎ》の日《ひ》、お母《かあ》さんは、ぼくの首輪《くびわ》をもって、散歩道《さんぽみち》の、有珠山《うすざん》のよく見《み》える、いつもの場所《ばしょ》に行《い》きました。そして、道《みち》から少《すこ》し外《はず》れたところに穴《あな》を掘《ほ》って、首輪《くびわ》を埋《う》めてくれました。

(クロ、これでいいんだよね。ここに散歩《さんぽ》に来《き》たかったんだよね。敏《びん》といっしょに見《み》た有珠山《うすざん》もよく見《み》えるし、ここでゆっくり休《やす》んでね)

そうして、お母《かあ》さんは、手《て》を合《あ》わせました。お母《かあ》さんの心《こころ》も、とても落《お》ち着《つ》いて、さわやかでした。

災害《さいがい》にも負《ま》けないよ

その後《ご》、お父《とう》さんとお母《かあ》さんは、敏《びん》くんの絵《え》を飾《かざ》る目的《もくてき》もあって、それまでの家《いえ》よりも、もっと大《おお》きな家《いえ》に建《た》て替《か》えました。二階建《かいだ》てにして、二階部《かいぶ》分《ぶん》は全部《ぜんぶ》を、敏《びん》くんの絵《え》を飾《かざ》るための部屋《へや》にしました。

お父《とう》さんは、仕事《しごと》の合間《あいま》に、まえの家《いえ》から敏《びん》くんの絵《え》を運《はこ》び込《こ》みました。

昔《むかし》は、敏《びん》くんの絵《え》を見《み》るのがつらかったお父《とう》さんも、そのころには、生《い》き生《い》きした敏《びん》くんの絵《え》に勇気《ゆうき》づけられるようになっていました。

新《あたら》しい家《いえ》に敏《びん》くんの絵《え》が増《ふ》えるにつれて、お父《とう》さんもお母《かあ》さんも、まるで敏《びん》くんといっしょに暮《く》らしているような楽《たの》しさを感《かん》じていました。

ところが、そんなふたりに災難《さいなん》がふりかかりました。二〇〇〇年《ねん》の三月《がつ》に、有珠山《うすざん》が大噴火《だいふんか》したのです。家《いえ》は、噴火口《ふんかこう》からいちばん近《ちか》く、建《た》てたばかりの家《いえ》を捨《す》てて、逃《に》げなければなりませんでした。

急《きゅう》な避難《ひなん》の命令《めいれい》で、何《なに》も持《も》ち出《だ》すことができませんでした。犬《いぬ》や猫《ねこ》のペットを飼《か》っていた人《ひと》たちのなかには、二、三日分《にちぶん》の食《た》べ物《もの》と水《みず》だけを置《お》いて、そのまま避難《ひなん》しなければならない人《ひと》もいたのです。

お父《とう》さんとお母《かあ》さんは、噴火《ふんか》がおさまれば、家《いえ》にもどることができると思《おも》っていました。でも、二度《にど》と自分《じぶん》の家《いえ》に帰《かえ》ることはできませんでした。家《いえ》は噴火口《ふんかこう》に近《ちか》く、とても危険《きけん》だったからです。なによりも、家《いえ》は大《おお》きく傾《かたむ》いて、とても住《す》める状態《じょうたい》ではなくなりました。

家《いえ》のまえの道路《どうろ》は盛《も》り上《あ》がり、くずれ、使《つか》うことはできません。消防署《しょうぼうしょ》の近《ちか》くには水《みず》がたまり、池《いけ》ができたほどです。

敏《びん》くんのお父《とう》さんとお母《かあ》さんは、まえに住《す》んでいた家《いえ》でも有珠山《うすざん》の被害《ひがい》を受《う》けていました。小《ちい》さな被害《ひがい》だったので、修理《しゅうり》して、敏《びん》くんと住《す》むこともできました。でも、今度《こんど》の噴火《ふんか》では、完全《かんぜん》に家《いえ》が壊《こわ》されてしまったのです。

噴火《ふんか》の影響《えいきょう》で陥没《かんぼつ》し、水《みず》たまりになった道路《どうろ》（中央奥《ちゅうおうおく》が敏《びん》くんの家《いえ》）

消防署《しょうぼうしょ》の前《まえ》も、水《みず》がたまって池《いけ》のようです

敏《びん》くんの心《こころ》を持《も》ち出《だ》したい

ふたりは、家《いえ》にもどることは、すぐにあきらめました。ただ、家《いえ》のなかに残《のこ》してきた敏《びん》くんの絵《え》だけは、どうしても持《も》ち出《だ》したいと思《おも》いました。それは敏《びん》くんが、この世《よ》に生《う》まれ、生《い》きた証明《しょうめい》だったからです。

ただ、むずかしい問題《もんだい》がありました。家《いえ》は、立《た》ち入《い》り禁止《きんし》の場所《ばしょ》にあるので、自分《じぶん》の家《いえ》といっても、勝手《かって》に入《はい》ることができなかったからです。

お父《とう》さんは、警察《けいさつ》や役所《やくしょ》へ出《で》かけて、絵《え》を持《も》ち出《だ》したいということを何度《なんど》もお願《ねが》いしました。

でも、危険《きけん》な場所《ばしょ》に入《はい》ることを、簡単《かんたん》に許《ゆる》してはくれませんでした。それでも、お父《とう》さんはあきらめませんでした。敏《びん》くんのいないいま、絵《え》は家族《かぞく》の心《こころ》そのものだったのです。

そんなお父《とう》さんの気持《きも》ちが通《つう》じて、ある日《ひ》、短《みじか》い時間《じかん》だけ、お父《とう》さんは家《いえ》に入《はい》ることができました。家《いえ》のなかは、ひどく壊《こわ》れていたけれど、敏《びん》くんの絵《え》は、そのまま残《のこ》っていました。お父《とう》さんは、やっと、敏《びん》くんの絵《え》を持《も》ち出《だ》すことができました。

いま、ふたりは、噴火《ふんか》の被害《ひがい》を受《う》けた人《ひと》たちに用意《ようい》された家《いえ》で暮《く》らしています。少《すこ》しせまいけれど、気持《きも》ちのいい家《いえ》です。

噴火《ふんか》のときの疲《つか》れが原因《げんいん》で病気《びょうき》になってしまったお父《とう》さんも、少《すこ》しずつ健《けん》康《こう》をとりもどしています。部屋《へや》に飾《かざ》られた何枚《なんまい》かの敏《びん》くんの絵《え》が、お父《とう》さんをはげまし、元気《げんき》を運《はこ》んでくれるからです。

（つらいことや、楽《たの》しいこと……、いろいろあったけど、これからも、敏《びん》に笑《わら》われないように、がんばって生《い》きていくからね。見《み》ていてね）

ふたりは、いつも、敏《びん》くんの絵《え》に向《む》かって話《はな》しかけています。

敏の豆キ

あとがき

平成《へいせい》十四年《ねん》に、『空《そら》から降《ふ》ってきた猫《ねこ》のソラ』（ハート出版《しゅっぱん》）を書《か》いたあとも、噴火《ふんか》した有珠山《うすざん》のふもとの街《まち》、洞爺湖温泉街《とうやこおんせんがい》のことが気《き》になって、ときどき、パソコンで、街《まち》のことを紹介《しょうかい》しているいろんなホームページを見《み》ていました。

そんなあるとき、沢口敏《さわぐちびん》くんのことを知《し》り、敏《びん》くんと三匹《びき》の犬《いぬ》の話《はなし》を、ぜひ本《ほん》に書《か》きたいと思《おも》いました。画家《がか》になる夢《ゆめ》を、いっしょうけんめいに追《お》いかけた敏《びん》くんと、三匹《びき》の犬《いぬ》の心《こころ》のふれあい、そしてお父《とう》さん、お母《かあ》さんとの温《あたた》かな家族《かぞく》に感動《かんどう》したからです。

そして、書《か》き終《お》えたいま、ぼくは改《あらた》めて、敏《びん》くんに、たくさんのことを教《おそ》わったと感《かん》じています。ぼくは大人《おとな》だけれど、敏《びん》くんのように、周囲《しゅうい》の人《ひと》に心《こころ》から親切《しんせつ》にしてあげているだろうか、やさしくしてあげているだろうか……、そんなことを、まえよりもよく考《かんが》えるようになりました。

また、「やっぱり、犬《いぬ》や猫《ねこ》はいいな」ということも実感《じっかん》しています。ルナは敏《びん》くんを、まるで自分《じぶん》の子《こ》どものように見守《みまも》り、コロは、どこまでも子《こ》どもらしく敏《びん》くんと遊《あそ》びました。いちばん長生《ながい》きしたクロの心《こころ》には、いつまでも敏《びん》くんが生《い》きていたようです。三匹《びき》の犬《いぬ》は、それぞれ違《ちが》った立場《たちば》、役割《やくわり》で、敏《びん》くんや、お父《とう》さん、お母《かあ》さんと心《こころ》を通《かよ》わせていたのです。

人間《にんげん》は、いろんな生《い》きもの、動物《どうぶつ》といっしょに暮《く》らしています。でも、犬《いぬ》、そして猫《ねこ》ほど、人間《にんげん》と心《こころ》が通《つう》じ合《あ》う動物《どうぶつ》は他《ほか》にはないでしょう。

また、この本《ほん》の取材《しゅざい》で、まえよりも、もっと真剣《しんけん》に考《かんが》え、行動《こうどう》しなければいけないと思《おも》うことがありました。それは、敏《びん》くんの命《いのち》を奪《うば》ってしまった交《こう》通事故《つうじこ》のことです。

日本《にほん》では一年間《ねんかん》に八千人《はっせんにん》近《ちか》い人《ひと》が交通事故《こうつうじこ》で亡《な》くなっています。そのうえ、乱暴《らんぼう》な運転《うんてん》をする人《ひと》、お酒《さけ》を飲《の》んで運転《うんてん》をする人《ひと》も大勢《おおぜい》います。

交通事故《こうつうじこ》をなくすことは簡単《かんたん》ではありませんが、なによりも大人《おとな》が、一人《ひとり》ひとり、いますぐ、自分《じぶん》のできることから始《はじ》めなければならないと思《おも》います。

敏《びん》くんのお母《かあ》さんも、これまでに、頼《たの》まれて、小学校《しょうがっこう》などで敏《びん》くんの話《はなし》をしてきました。少《すこ》しでも交通事故《こうつうじこ》が減《へ》ってほしいと願《ねが》ってのことです。

また、敏《びん》くんの絵《え》を展示《てんじ》し、北海道《ほっかいどう》のデパートなどで、交通安全《こうつうあんぜん》の願《ねが》いを込《こ》めた展覧会《てんらんかい》も、何度《なんど》か行《おこ》なわれています。

この本《ほん》を読《よ》んでくださったみなさんも、学校《がっこう》の行《い》き帰《かえ》りや、遊《あそ》んでいるときなどに、じゅうぶんに自動車《じどうしゃ》に気《き》をつけてほしいと思《おも》います。

もうひとつ、ぼくが興味《きょうみ》を持《も》ったのが、北海道犬《ほっかいどうけん》（アイヌ犬《けん》とも呼《よ》ばれています）のことです。ここで少《すこ》しだけ、北海道犬《ほっかいどうけん》のことを書《か》いておきたいと思《おも》います。

北海道犬《ほっかいどうけん》の祖先《せんぞ》のことは、いろいろな説《せつ》があって、はっきりしていませんが、ひとつには、昔《むかし》、本州《ほんしゅう》の東北地方《とうほくちほう》から北海道《ほっかいどう》へ渡《わた》ったアイヌの人《ひと》たちが、いっしょに連《つ》れていた犬《いぬ》だと言《い》われています。

アイヌの人《ひと》たちは、熊狩《くまが》りや鹿狩《しかが》りに犬《いぬ》を使《つか》っていました。鉄砲《てっぽう》のない時代《じだい》は弓矢《ゆみや》での狩《か》りで、それは命《いのち》がけのことでした。そこで大切《たいせつ》なのは人間《にんげん》と犬《いぬ》の信頼関係《しんらいかんけい》で、そこから飼《か》い主《ぬし》に忠実《ちゅうじつ》な北海道犬《ほっかいどうけん》の性格《せいかく》ができていったようです。

また、熊《くま》にも平気《へいき》で立《た》ち向《む》かっていく勇敢《ゆうかん》さや、けわしい自然《しぜん》のなかで、何時間《なんじかん》も獲物《えもの》を追《お》いかける我慢強《がまんづよ》さもそなわりました。

北海道犬《ほっかいどうけん》の体《からだ》の特徴《とくちょう》としては、全体《ぜんたい》がよく引《ひ》き締《し》まり、筋肉《きんにく》がとても発達《はったつ》していること、毛《け》は厚《あつ》く、その色《いろ》は赤《あか》、白《しろ》、胡麻《ごま》、虎《とら》、黒褐色《くろかっしょく》などに分《わ》かれていることなどがあります。この本《ほん》に出《で》てくるおかあさん犬《いぬ》のルナは、黒褐《くろかっ》色《しょく》の北海道犬《ほっかいどうけん》でした。ただ、コロとクロは、お父《とう》さん犬《いぬ》のことがわからないので証明書《しょうめいしょ》（血統書《けっとうしょ》）が作《つく》れず、正式《せいしき》な北海道犬《ほっかいどうけん》ではありません。雑種《ざっしゅ》ということになります。

北海道犬《ほっかいどうけん》は、昭和《しょうわ》十二年《ねん》十二月《がっ》に天然記念物《てんねんきねんぶつ》に指定《してい》され、呼《よ》び名《な》も、それまでのアイヌ犬《けん》から、正式《せいしき》に北海道犬《ほっかいどうけん》となりました。ただ、アイヌ犬《けん》という呼《よ》び名《な》は、現在《げんざい》でも使《つか》われています。

天然《てんねん》記念物《きねんぶつ》になった犬《いぬ》としては、秋田犬《あきたいぬ》がいちばん早《はや》く、昭和《しょうわ》六年《ねん》七月《がつ》に指定《してい》されています。そのきっかけは、東京《とうきょう》の渋谷《しぶや》駅前《えきまえ》の銅像《どうぞう》で有名《ゆうめい》な忠犬《ちゅうけん》ハチ公《こう》でした。

秋田犬《あきたいぬ》の後《あと》は、昭和《しょうわ》九年《ねん》に甲斐犬《かいけん》（山梨地方《やまなしちほう》）、紀州犬《きしゅうけん》（和歌山《わかやま》、三重《みえ》）、越《こし》の犬《いぬ》（石川《いしかわ》、富山《とやま》、福井《ふくい》）、昭和《しょうわ》十一年《ねん》に柴犬《しばいぬ》（鳥取《とっとり》、岐阜《ぎふ》、長野《ながの》）、昭和《しょうわ》十二年《ねん》に四国犬《しこくけん》（四国《しこく》）と北海道犬《ほっかいどうけん》が天然《てんねん》記念物《きねんぶつ》になりました。このなかで、越《こし》の犬《いぬ》は残念《ざんねん》なことに絶滅《ぜつめつ》し、現在《げんざい》は六種類《しゅるい》が残《のこ》っています。

ほかにも、調《しら》べていくと、犬《いぬ》や猫《ねこ》の感動的《かんどうてき》な話《はなし》が、まだたくさんあることもわかりました。機会《きかい》があれば、これからも、がんばって本《ほん》にまとめたいと思《おも》っています。

最後《さいご》になりますが、執筆《しっぴつ》にあたり、取材《しゅざい》でお話《はなし》を聞《き》かせてくださった敏《びん》くんのお父《とう》さん（沢口敏治《さわぐちとしはる》さん）、お母《かあ》さん（協子《きょうこ》さん）、敏《びん》くんの絵《え》の先生《せんせい》だった大島忠昭先生《おおしまただあきせんせい》、そしてハート出版《しゅっぱん》の藤川《ふじかわ》さんはじめ編集《へんしゅう》の皆《みな》さんに、心《こころ》から御礼《おんれい》を申《もう》しあげます。また、ぼくの家族《かぞく》にも、この場《ば》を借《か》りて、感謝《かんしゃ》の気持《きも》ちを伝《つた》えたいと思《おも》います。

今泉《いまいずみ》　耕介《こうすけ》

【編集部注：犬種については一般的な呼称に統一させていただきました】

●作者 今泉耕介（いまいずみ こうすけ）

北海道生まれ。

大学卒業後、オーディオ専門誌、健康雑誌などの編集を手がける。現在、フリーライター、編集者として、広く出版関係の仕事に従事。とくに子どもの教育問題、動物と人との心の触れあいに目を向けている。埼玉県入間郡三芳町在住。趣味はキャンプ、釣りなどアウトドア。

主な著書に「前足だけの白い猫マイ」「空から降ってきた猫のソラ」「おてんば盲導犬モア」「学校犬クロの一生」（ハート出版）などがある。

星《ほし》になった少年《しょうねん》と兄弟犬《きょうだいけん》の物語《ものがたり》

アイヌ犬《けん》コロとクロ

平成 16 年 3 月 30 日　第 1 刷発行

ISBN4-89295-298-2

発行者　日高裕明
発行所　ハート出版

〒 171-0014
東京都豊島区池袋 3-9-23
TEL 03-3590-6077 FAX 03-3590-6078
ハート出版ホームページ http://www.810.co.jp/

印刷　図書印刷

★乱丁、落丁はお取り替えします。その他お気づきの点がございましたら、お知らせ下さい。
編集担当／藤川すすむ